이동통신용 안테나 설계실무

이 홍 민 저

도서출판 상 학 당

欲爲大者 當爲人役

크고자 하거든 남을 섬기라

‖ 머 ‖ 리 ‖ 말 ‖

맥스웰(Maxwell)이 패러데이(Fraday)가 경험에서 얻은 사실에 수학적인 이론 체계를 세우고, 매개작용의 가설(hypothesis of action through medium)을 전제하여 변위전류라는 새로운 개념을 도입하여 1864년 전자계 맥스웰 방정식을 제창한 후, 이 이론의 타당성이 독일의 물리학자인 헤르츠(Hertz)에 의하여 실험을 통하여 전파의 실체가 입증됨으로써 안테나를 이용한 무선통신의 이용이 보편화되었다. 초기에 주로 비교적 낮은 주파수 대역의 장중파대 통신의 이용에서 출발한 이래, 이동무선통신 기술의 비약적인 발전으로 인하여 통신의 개인화, 휴대화, 멀티미디어 서비스화 등과 연관되어 오늘날 안테나 기술은 전체 무선통신 서비스의 기능과 성능을 좌우하는 가장 중요한 기술 중의 하나로 향후 가장 큰 연구와 발전이 기대되고 있는 분야로 등장하고 있다.

1901년 마르코니가 50개의 선형안테나를 이용하여 무선으로 대서양 횡단 통신을 성공한 이후, 많은 형태의 안테나가 개발되었으나 한정된 주파수 자원에 비하여, 무선통신 이용자의 수가 급증함으로 인하여 점차로 사용주파수대가 상향되고 있는 현실이다. 특히 무선통신의 신뢰성 향상과 자유로운 이동성 보장으로 무선 정보통신기기들의 향후 발전 추세는 저전력화, 다기능화, 소형화 및 집적화로 특징지을 수 있다.

이와 같은 새로운 어플리케이션의 등장과 개인 이동통신과 연동을 고려한 무선통신의 비약적인 발전은 안테나 분야에서도 소형화, 고성능화, 다중대역화와 같은 진보된 성능 개선을 요구하고 있다. 최근에는 휴대용 단말기의 소형화와 다양한 서비스 욕구를 부응하기 위하여 요구되는 각종 전자부품의 고밀도 집적화가 가능해지면서 향후 차세대 이동통신단말기 개발에서는 수동소자를 LTCC(Low Temperature Co-firing Ceramics : 저온 동시 소성 세라믹) 기술을 통해 고집적화/적층화를 하는 기법과, Embedded PCB 형태로 각 기판의 내층에 기존 수동소자를 Strip-line 형태 혹은 thin-film plating 형태로 내장시키고 여러 층을 laminating하는 방법을 통해 복합 모듈화, 초소형화의 연구가 시도되고 있다.

최근 복잡한 수학계산을 기피하는 경향이 많은 학생들은 대부분 대학에서 처음으로 접하게 되는 전기자기학에서 전계 및 자계에 대한 개념이 많은 추상적인 상상력과 체계적인 추리력을 요구하게 되므로, 이러한 학과목을 기피하려는 경향이 많은 현실에 직면하고 있다. 그러나 새로운 통신서비스의 발전에 따라서, 각종 무선통신 시스템에 적합한 새로운 구조의 안테나가 요구되고 있으나, 이들 안테나의 설계자는 매우 부족한 상태이다. 따라서 기본 이론을 적용하여 안테나의 설계하는 방법, 제작 및 측정 기법 등의 원리를 파악하는 노력이 필요하다.

이 책은 그동안 RF 및 안테나 연구실에서 연구된 안테나 연구 내용을 중심으로 구성하였으며, 이동통신용 안테나를 설계하고자 하는 학생들이나 기업체 연구원들의 안테나 설계 입문용으로 적합하도록 저술되었다. 전기자기학과 전송선로이론을 공부한 후에 안테나 기본 이론을 숙지하고 있는 연구자들에게 도움이 될 것으로 생각된다. 이 책의 저술에 기여한 대학원생들에게도 많은 감사를 드린다.

저자 씀

‖ 차 ‖ 례 ‖

제 1 장 안테나 설계 기초 / 9

제 2 장 안테나의 소형화 / 23

제 3 장 핸드셋 안테나 / 45

제 4 장 RFID Tag 안테나 / 95

제 5 장 UWB 안테나 / 107

제 6 장 메타물질 구조안테나 / 135

제 7 장 Hot Topics / 173

Chapter 1

안테나 설계 기초

1.1 개 요

이동통신용 기기들의 집적화 추세에서 안테나의 소형화는 다른 수동 부품에 비해 사용 주파수에 안테나의 물리적 크기가 크게 의존하는 특성과 안테나의 소형화로 인한 이득과 대역폭의 감소로 인하여 안테나의 전기적인 특성이 저하되므로 안테나의 소형화 설계는 상당히 어려운 과제로 등장하게 되었다. 또한 멀티미디어 시대를 맞이하여 다중대역 서비스 및 광대역 특성 요구에 부응하는 안테나의 개발이 요구되고 있다.

그러나 이러한 안테나의 설계를 위하여, 설계자는 공간상의 임의의 지점에서 안테나로부터 방사되는 방사전력을 설계자의 요구에 부응할 수 있도록 안테나 구조를 설계할 수 있는 능력을 배양하여야 한다. 따라서 안테나 설계 엔지니어는 안테나의 방사소자, 정합회로 및 급전회로를 포함하는 구조설계를 위한 수치해석 능력과 이를 제작하고 특성측정을 하기 위한 안테나 기본 설계 이론 및 측정용 기기 사용 능력을 배양하여야 한다.

회로의 크기가 파장에 비해 상대적으로 작은 저주파에서 동작하는 회로들은 그 회로의 어느 한 점에서 정의되는 유일한 전압과 전류를 갖는 집중(lumped) 수동 또는 능동소자의 상호 연결로 간주될 수 있다. 이 경우, 회로의 크기가 파장에 비해 아주 작아서 회로 상의 한 점에서 다른 한 점 사이의 위상의 변화는 무시한다. 또한 전자장은 두 개 또는 그 이상의 도체에 의해 유지되는 TEM계로 간주될 수 있다. 이로 인하여 맥스웰 방정식에 대한 준 정전상태의 해가 가능하게 되며, 잘 알려진 키르히호프의 전압 및 전류 법칙, 그리고 회로이론의 임피던스 개념이 나온다.

독자들은 이미 알고 있는 바와 같이 저주파 회로 해석을 위한 아주 강력하고 유용한 기법들은 많이 있다. 일반적으로 이러한 기법은 초고주파 회로에는 직접 적용될 수는 없다. 그러나 이 장의 목적은 실제 관심의 대상인 많은 초고주파 해석과 설계에 관한 문제를 다루는 경우에 회로이론과 회로망이론의 개념이 어떻게 확장될 수 있는지를 보여 주는 것이다.

이렇게 하는 가장 주된 이유는 초고주파 문제를 해결하는 데 있어서 맥스웰 방정식을 푸는 것보다는 회로해석의 단순하고 직관적인 개념을 적용하는 것이 일반적으로 훨씬 더 쉽기 때문이다. 어떤 면으로 보면 전자장 해석법이 우리가 실제로 원하고 필요로 하는 것보다 고려 중인 특정 문제에 대해 훨씬 더 많은 정보를 제공한다.

1.2 맥스웰방정식과 안테나 설계

시간에 따라서 변화하는 영역에서 미분방정식 형태의 맥스웰 방정식은 식 (1.1)과 같다.

$$\nabla \times \overline{E} = -\frac{\partial \overline{B}}{\partial t} - \overline{M} \tag{1.1a}$$

$$\nabla \times \overline{H} = -\frac{\partial \overline{D}}{\partial t} + \overline{J} \tag{1.1b}$$

$$\nabla \cdot \overline{D} = \rho \tag{1.1c}$$

$$\nabla \cdot \overline{B} = 0 \tag{1.1d}$$

여기서, $\overline{E}$ 는 전계의 세기[V/m]

$\overline{H}$ 는 자계의 세기[A/m]

$\overline{D}$ 는 전속밀도[Coul/m^2]

$\overline{B}$ 는 자속밀도[Wb/m^2]

$\overline{M}$ 은 자기전류밀도[V/m^2]

$\overline{J}$ 는 전류밀도[A/m^2]

ρ는 공간전하밀도[Coul/m^3]로 정의된다.

위식에서 전계 또는 자계를 발생시키는 원천(source)들은 $\overline{J}$, $\overline{M}$ 및 ρ이다. 그러나 자유공간과 같은 매질 내에서는 $\overline{J}$, $\overline{M}$ 및 ρ들 같은 원천이 없음에도 불구하고 전자파가 전파될 수 있으며, 이는 맥스웰이 일반적인 전류의 개념을 확장하여 변위전류도 전도전류와 같은 성질을 가지고 있음에 착안하여 두 전류의 합으로 표시되는 전자계의 방정식을 만들어 이를 입증시킨 것이다.

이제 안테나의 설계 개념을 이해하기 위하여 [그림 1-1]과 같은 간단한 무선통신 시스템을 생각하여 보자.

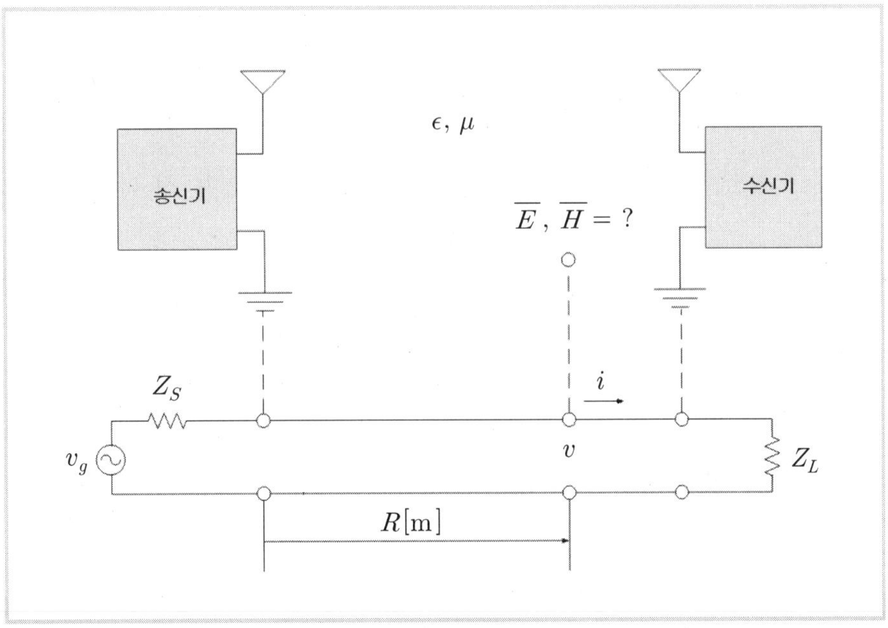

[그림 1-1] 무선통신 시스템 및 등가 전송선로 회로 모델

송신기의 송신 안테나로부터 방사된 전자파는 유전율 ϵ, 투자율 μ 인 매질을 통하여 전파되며, 송신 안테나로부터 거리가 R[m]인 지점에서 전계 값 및 자계 값을 각각 $\overline{E}$, $\overline{H}$ 라고 가정하자. 또한 이러한 시스템에 대한 등가 전송선로 모델을 사용하여 표현하면 거리가 R[m] 인 지점에서 선로 상의 전압, 전류 값은 각각 v, i로 나타내어진다.

이와 같은 경우에 $\overline{E}$, $\overline{H}$의 값을 어떻게 구할 수 있을까? 이에 대한 해답은 맥스웰의 전자계 방정식을 풀면 얻어질 수 있다. 그러나 식 (1.1)의 맥스웰 방정식을 보면 우리가 구하고자 하는 해가 동일한 식 내에 동시에 존재하고 있으므로 식들을 연립하여 하나의 미지수만을 포함하고 있는 방정식을 만들어 풀어야 한다.

위 [그림 1-1]에서 유전율 ϵ, 투자율 μ인 매질 내에서는 공간전하밀도 $\rho = 0$이며, 자기전류 밀도 벡터 $\overline{M} = 0$인 경우에, 이를 맥스웰 방정식에 대입하여 페이저 형태의 방정식으로 나타내면,

$$\nabla \times \overline{E} = -j\omega\mu\overline{H} \tag{1.2a}$$

$$\nabla \times \overline{H} = j\omega\epsilon\overline{E} + \overline{J} \tag{1.2b}$$

$$\nabla \cdot \overline{D} = 0 \tag{1.2c}$$

$$\nabla \cdot \overline{B} = 0 \tag{1.2d}$$

으로 표현된다. 여기서 $\overline{B} = \nabla \times \overline{A}$ 로 놓으면 식 (1.2d)로부터

$$\overline{H} = \frac{1}{\mu}\nabla \times \overline{A} \tag{1.3}$$

가 되며, $\overline{A}$는 벡터 포텐샬(vector potential)이라고 부른다.

식 (1.3)을 식 (1.2a), (1.2b)에 대입하여 간략화시키면 다음과 같은 벡터파동방정식을 얻는다.

$$\nabla^2\overline{A} + \omega^2\mu\epsilon\overline{A} = -\mu\overline{J} \tag{1.4}$$

$\overline{J}$ 값이 주어졌을 경우에 식 (1.4)의 파동방정식의 해를 구하면 벡터

포텐샬 $\overline{A}$값이 구해지므로, 이를 식 (1.3)에 대입하여 자계 $\overline{H}$를 구한 후에 식 (1.2a)에 대입함으로써 전계 $\overline{E}$가 얻어지므로, 송신 안테나로부터 거리가 R[m]인 지점에서 전계 및 자계 값을 모두 알 수 있다. 이를 요약하면 구해지는 변수 값들의 순서는 식 (1.5)와 같다.

$$\overline{J} \Rightarrow \overline{A} \Rightarrow \overline{B} \Rightarrow \overline{H} \Rightarrow \overline{E} \tag{1.5}$$

결과적으로 송신안테나로부터 공간상으로 방사되는 전력에 의하여 거리가 R[m]인 지점에서 전계 및 자계 값을 구하기 위해서 전도전류 밀도 벡터 $\overline{J}$값을 구하는 것이 필요하며, 이 벡터의 값은 안테나 도체 상에 존재하며, 안테나를 구성하고 있는 도체의 형상에 따라서 값이 변화하므로, 안테나 설계는 공간상 임의의 점에서의 전자계 분포를 설계자가 원하는 값을 갖도록 하기 위한 안테나의 물리적인 형상을 구현하는 문제로 볼 수 있다.

1.3 변위전류와 전도전류

위에서 안테나의 설계를 위하여 안테나를 구성하고 있는 전도전류의 값을 아는 것이 매우 중요하며, 설계자가 원하는 현상으로 물리적인 안테나의 구조를 최적화하는 것이 안테나 설계임을 살펴보았다. 이 장에서는 일반적인 전류의 개념을 확장하여 전도전류와 같은 성질을 가지고 있는 변위전류의 물리적인 개념을 파악하여 보자.

맥스웰의 방정식에서 $\partial \overline{D}/\partial t$항은 전류밀도를 나타내므로 [A/m^2]의 단위를 가지며, 이를 변위전류 밀도라고 부른다. 도체 내에서 자유전하들의 이동에 의하여 흐르는 전류가 해당 도체 주위에 자계를 만드는 것과 마찬가지로, 유전체 공간 내에서도 전계가 시간에 따가서 변화하면 이에 따라서 전속밀도도 시간에 따라서 변화하게 되어 전류가 흐르게 된다고 맥스웰은 생각하였다.

전도전류 밀도의 성질을 살펴보기 위하여 [그림 1-2]와 같은 간단한 평행판 커패시터로 구성된 교류회로에서 전류의 흐름을 생각한다. [그림 1-2]의 회로에서 교류전압이 커패시터에 가해지면 커패시터 상하 극판에는 전하 Q의 변화가 발생되며, 평행판의 면적을 S라고 놓으면 커패시터 내부에서 전속밀도는 $\overline{D} = Q/S[\mathrm{Coul/m^2}]$가 되므로, $\partial\overline{D}/\partial t$ 항은 변위전류 밀도를 의미한다.

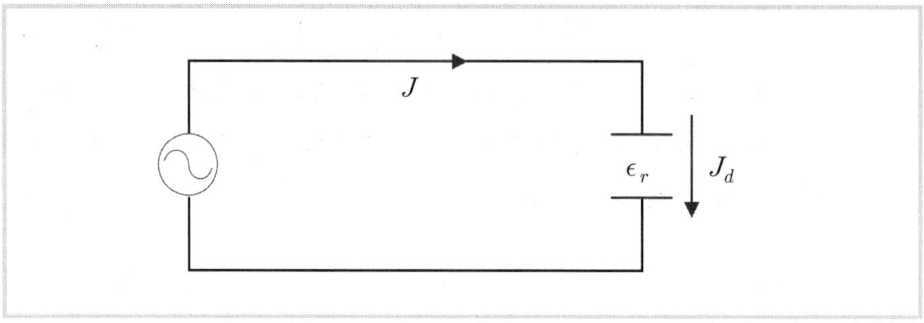

[그림 1-2] 평행판 커패시터를 갖는 교류회로

이를 변위전류 밀도 항을 $\overline{J_d}$로 놓으면 맥스웰의 제2 방정식은

$$\nabla \times \overline{H} = \overline{J} + \frac{\partial \overline{D}}{\partial t} = \overline{J} + \overline{J_d} \tag{1.6}$$

으로 나타내어진다. 변위전류는 도선을 통하여 흐르는 전도전류와 동일한 크기를 가지며, 일반적으로 매질 내에서 전계의 크기 $\overline{E}$가 시간에 따라서 변화하게 되면 그곳에서는 반드시 변위전류가 흐르게 된다.

이와 같은 개념을 [그림 1-1]에서 나타낸 간단한 무선통신 시스템에서 전도전류와 변위전류의 개념을 사용하여 나타내면 [그림 1-3]과 같다.

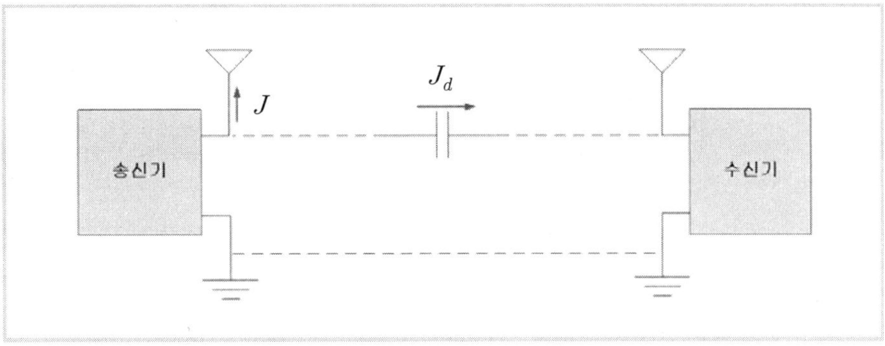

[그림 1-3] 무선통신 시스템에서 전도전류와 변위전류

[그림 1-3]에서 송신기의 출력은 교류전원으로 간주되며, 송신안테나와 수신안테나는 유전율 ϵ, 투자율 μ인 매질을 통하여 수신기 입력단을 거쳐서 공통접지 단자인 대지를 통하여 폐회로를 형성하게 된다. 만일 송수신기의 접지단자들 사이의 임피던스를 0 [Ω]이라고 가정하고, 송수신기 사이 대지의 저항도 0 [Ω]이라고 가정하면 [그림 1-3]의 회로는 [그림 1-2]의 회로와 동일한 회로라고 볼 수 있다.

이 경우 전자파가 전파되는 공간 매질은 커패시터 사이의 유전체로 간주된다. 따라서 송수신안테나 도체들은 각각 커패시터의 상하 평판으로 볼 수 있으므로, 변위전류 밀도 벡터 $\overline{J_d}$는 매질 내에 존재하게 되며, 전도전류 밀도 벡터 $\overline{J}$는 안테나 도체 상에 존재하게 된다.

1.4 전파의 방사

[그림 1-4]에 나타낸 바와 같이 끝단이 개방된 길이 l인 평행 2선식 선로 상의 전류분포는 선로의 끝단에서 임피던스가 무한대이므로 전류 값이 영이 되며, 선로 상에는 길이 $l = \lambda/4$의 정수 배 되는 지점에

서 전류의 크기가 최대 및 최소인 점이 반복하여 나타나는 정재파전류가 분포하게 된다.

그러나 [그림 1-4]와 같은 평행 이선식 전송선로는 각각의 선로 상의 전류분포가 서로 반대 방향이 되므로 전자파 에너지를 방사할 수 있는 구조가 될 수 없다. 선로의 끝단에서 전자계의 누설 효과에 의한 미소한 에너지 방사량을 영이라고 가정하면, 선로의 입력임피던스는 선로의 길이와는 무관하게 선로의 특성임피던스 $Z_0 = \sqrt{L/C}\,[\Omega]$이 된다. 이 경우에 L, C 값들은 각각 선로의 단위길이당 인덕턴스와 커패시턴스 값이다.

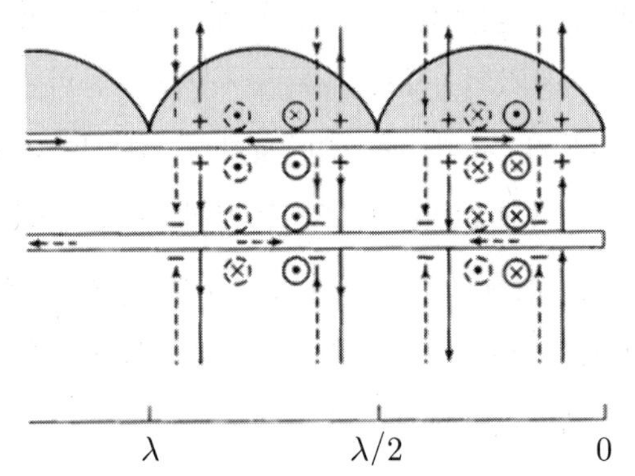

[그림 1-4] 도선 상의 전류분포

이러한 도선을 사용하여 안테나를 만들기 위해서는 [그림 1-5]에 나타낸 바와 같이 선로의 끝단의 형태를 구부려 효과적으로 전자파 에너지가 공간의 매질을 통하여 방사하여 줄 수 있는 방사구조를 만들어 주어야 한다.

[그림 1-5]와 같이 선로의 끝단을 일정 길이 구부린다 하여도 선로 상의 정재파 전류의 분포에는 변함이 없으나, 선로가 구부려진 부분이 안테나 역할을 하게 된다.

만일 안테나로부터 방사가 일어나지 않는 경우에, 안테나의 입력임피던스 값(Z_{in})에 대한 일반식은 선로의 특성임피던스를 Z_0라고 하면

$$Z_{in} = -jZ_0 \cot \beta l \,[\Omega] \tag{1.7}$$

로 표현되며 선로의 길이 l 값의 변화에 따른 선로의 정규화 입력임피던스(Z_{in}/Z_0)의 변화를 [그림 1-6]에 나타내었다.

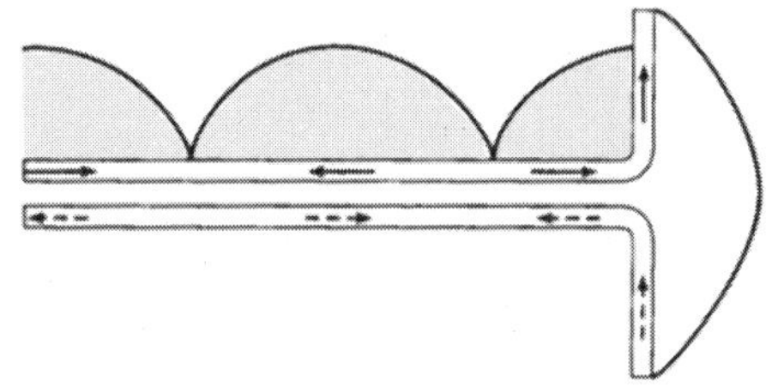

[그림 1-5] 선로의 끝단이 구부려진 선로

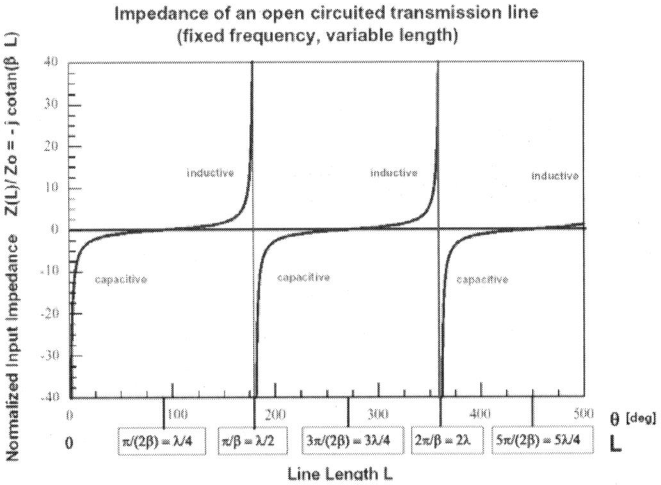

[그림 1-6] 수전단 개방의 경우 선로의 임피던스

그러나 안테나로부터 방사가 발생하는 경우에는 이 방사에 의하여 발생되는 방사임피던스가 직렬로 첨가된다. 예를 들어 구부려진 선로의 한 쪽 길이가 $l = \lambda/4$인 반파장 다이폴안테나의 경우에 안테나의 입력임피던스 값 Z_{in}은 식 (1.8)과 같이 된다.

$$Z_{in} = 73.13 + j(42.55 - 2Z_0 \cot \beta l)[\Omega] \tag{1.8}$$

안테나로부터 전파의 방사가 있을 경우에는 방사저항 73.13[Ω]과 유도리액턴스 성분 $j42.55[\Omega]$이 가해지게 되므로 [그림 1-6]에 나타난 바와 같이 리액턴스 값은 0[Ω]이 되지 못하므로 안테나에서 실제로 공진은 일어나지 않게 된다.

반파장 다이폴 공진형 안테나를 설계하는 경우에 안테나의 길이 l 값을 이보다 약간 단축시켜 안테나의 리액턴스 값이 0[Ω]이 되도록 설계하여야 한다. 안테나를 등가적으로 표현하면 전송선로 등가 모델로 나타낼 수는 있으나, 안테나가 실제적으로 전자파 에너지를 공간상으로 효과적으로 방사시키기 위해서 방사구조를 극대화시킬 수 있도록 설계하여야 한다는 점이 매우 중요하다.

1.5 전파의 기본 방사구조

공간상으로 전자파 에너지를 방사할 수 있는 가장 기본적인 방사구조를 갖는 두 종류의 안테나에 의한 방사계 성분을 [그림 1-7]에 나타내었다. 맥스웰 방정식에 의하면 시간에 따라서 변화하는 전계는 자계를 만들게 되며, 마찬가지로 시간에 따라서 변화하는 자계도 이에 대응되는 전계를 만들어 주므로 안테나가 최초로 어떠한 전자계를 발생시키는가는 중요하지 않다.

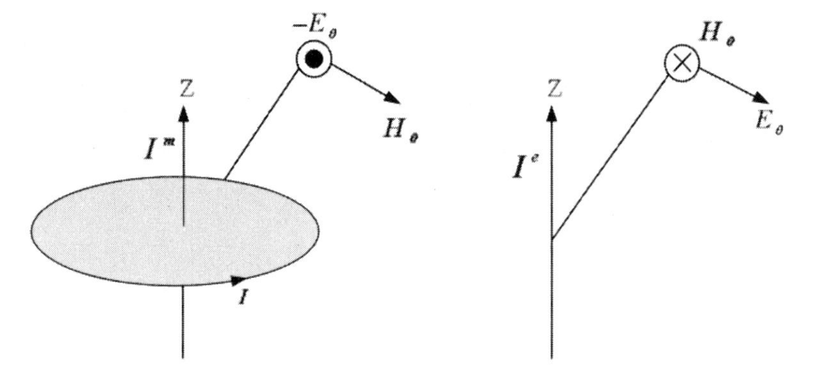

(a) 미소전류 루프와 등가 자기 다이폴 (b) 이상적인 전기 다이폴

[그림 1-7] 미소 루프형과 다이폴형 안테나의 방사계

이와 같은 개념에서 전자계 발생 소스(source)로서의 안테나를 생각하면, [그림 1-7]에 나타낸 바와 같이 자기적인 소스로 된 미소 루프 구조의 안테나와 전기적인 소스로 된 미소 다이폴 구조의 두 가지 종류의 기본적인 형태의 안테나를 생각할 수 있다.

[그림 1-7 (a)]에 나타낸 미소 루프안테나는 도선에 흐르는 전류가 시간에 따라서 변화하면 암페어의 법칙에 의하여 자계가 발생되며, 이들 자계의 변화가 전계를 만들어 주게 되며, 이와는 반대로 [그림 1-7 (b)]와 같은 이상적인 다이폴의 경우에는 도선에 흐르는 전류에 의하여 시간에 따라서 변화하는 전계가 만들어진 후에 이들에 의한 자계가 발생된다.

이들 전계와 자계는 전파되는 공간상에서 서로 수직하게 놓여진다. 일반적으로 이들 두 기본적인 안테나는 서로 대응되는 전자계를 발생시키는 자기적, 전기적인 안테나의 기본 소스로 간주된다.

미소 루프안테나는 맥스웰 방정식에서 자계를 발생시키는 원천(source)인 자기적 전류밀도 벡터 $\overline{M}$에 해당되며, 미소 다이폴안테나는 전계를 만들어 주는 전기적 전류밀도 벡터 $\overline{J}$에 해당된다.

이와 같은 미소 크기의 안테나를 기본적인 점원(point source)으로 하여, 선형안테나는 점원들의 집합체이며, 유한한 면적을 갖는 평면형 안테나는 이러한 선형안테나들의 집합체라고 생각할 수 있으므로, 이들이 공간상의 임의의 점에 만들어 주는 전계 및 자계의 값을 구하기 위해서는 이러한 안테나를 구성하고 있는 각각의 점원들이 공간상의 한 점에 만들어 주는 전자계들 값들을 각각 구한 후에, 이 값들에 대한 벡터계의 합을 구하면 된다.

Chapter

2

안테나의 소형화

2.1 기본적인 소형 방사체
2.2 안테나의 소형화에 따른 문제점
2.3 안테나의 소형화 기법

2.1 기본적인 소형 방사체

가장 간단한 기본적인 소형 안테나 방사체에는 소형 루프(small loop) 및 미소 다이폴(short dipole) 안테나가 있다. [그림 2-1]에 이들 방사체에 의한 방사계를 나타내었다. 이들 안테나에 의한 방사패턴 함수는 모두 $\sin\theta$로서 표시되므로 공간상에 동일한 방사패턴을 나타낸다.

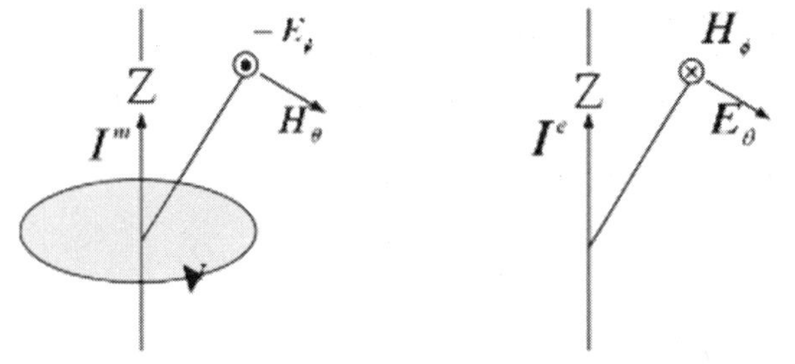

[그림 2-1] 기본적인 방사체의 방사계 성분

소형 루프안테나 도선에 흐르는 전류 I에 의하여 등가적인 자기 다이폴 전류 I_m을 발생시키고 이에 의하여 공간상의 한 점에 전계 $-E_\Phi$와 이에 대응하는 자계 H_θ를 발생시킨다. 마찬가지로 미소 다이폴안테나 도선에 흐르는 등가 전기 다이폴 전류 I_e에 의하여 자계 H_Φ 및 이에 대응하는 전계 E_θ가 발생된다. 이들 두 안테나는 쌍대성(duality)을 가지므로, 미소 다이폴에 의한 전자계의 식을 변수들의 치환 방법에 의하여 소형 루프안테나에 의한 전자계를 쉽게 구할 수 있다.

맥스웰 방정식에 의하면 시간에 따라서 변화하는 전계는 이에 대응하는 자계를 만들며, 시간에 따라서 변화하는 자계는 이에 대응하는 전계를 만들어 주어 공간상을 전파하여 간다. 따라서 어느 기본적인 방사체가 최초에 자계를 먼저 발생시키는가 또는 전계를 발생시키는가는 큰 의미를 갖지 못한다. 그러므로 전기적 다이폴 전류 I_e를 발생시키는 미소 다이폴안테나와 같은 전기적인 안테나(electrical antenna)와 자기적 다이폴전류 I_m을 발생시키는 자기적인 안테나(magnetic antenna) 양자 모두 무선통신 시스템에 사용될 수 있다.

전기적인 소형안테나(elctrically small antenna)는 안테나의 길이 $l(\ll \lambda)$가 매우 작은 크기를 갖는 안테나를 의미하며, 일반적으로는 Wheerler와 Chu에 의하여 정의된 전기적인 소형안테나에 대한 정의와 Q(quality factor)값이 안테나 설계에 주로 사용된다. [그림 2-2]에 나타난 바와 같이 안테나의 최대 크기가 자유공간에서 반경 a[m]인 구 영역 내에 놓여 있을 경우에 다음과 같은 관계식을 만족하는 안테나를 전기적인 소형안테나로 간주한다.

$$ka < 1 \tag{2.1}$$

여기서 $k = \dfrac{2\pi}{\lambda}$이며, λ는 자유공간에서 전파의 파장이다.

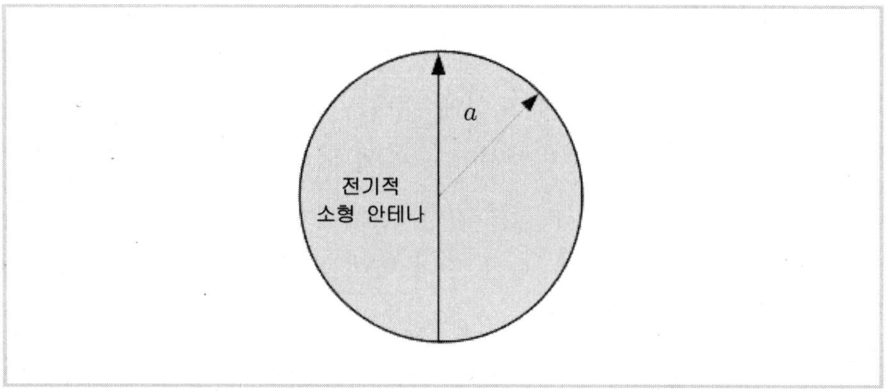

[그림 2-2] 자유공간에 놓여진 반경 a[m]의 구

안테나의 최대 크기는 다이폴안테나의 경우에는 안테나의 전체 길이, 루프안테나의 경우에는 루프의 직경 그리고 패치 안테나의 경우에는 패치의 대각선의 길이를 기준으로 하는 것이 일반적이다.

2.2 안테나의 소형화에 따른 문제점

이동통신용 전자기기 등의 급격한 소형화 추세에 따라서 이들 기기 등에 장착되는 안테나의 소형화가 요구되고 있으나 안테나 소형화에 따른 다음과 같은 문제점이 나타나게 된다.

(1) 안테나 방사저항의 감소 및 입력리액턴스의 증가

가장 간단한 전기적인 소형안테나로 사용되는 구조인 미소 다이폴(또는 미소 모노폴)과 소형 루프안테나의 경우를 예로 들어 보자.

$f = 100[\text{MHz}]$에서 동작하는 $l = \lambda/10$의 길이를 갖는 미소 다이폴안테나의 구조와 도선 상의 전류분포를 [그림 2-3]에 나타내었다.

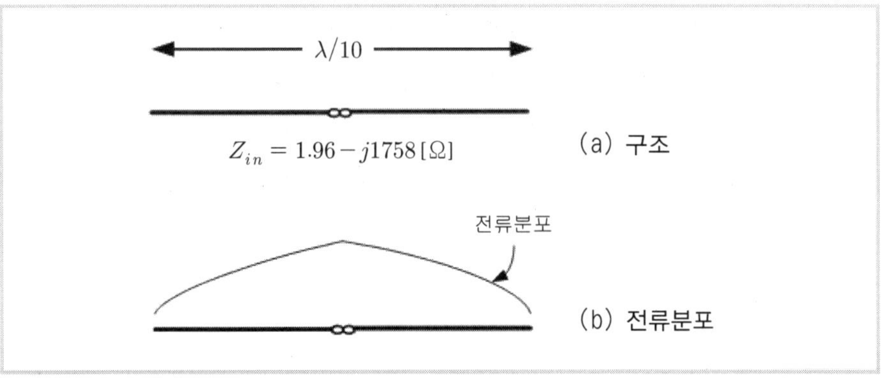

[그림 2-3] 미소 다이폴 $l = \lambda/10$

안테나 도체 상의 전류는 개방된 도체의 끝단에서는 항상 영이 되므로 길이가 매우 짧은 안테나의 경우에 전체적인 전류분포는 삼각형 형태로 나타나며, 이 경우 안테나의 입력임피던스는 대략 $Z_{in} = 1.96 - j1758\,[\Omega]$으로 된다. 안테나의 길이가 대략 $l = \lambda/2$인 공진형 반파장 다이폴안테나의 입력임피던스는 $Z_{in} = 73\,[\Omega]$이므로, 이와 비교하면, 방사저항이 매우 작아지는 동시에 용량성 리액턴스 값이 커진다.

일반적으로 임의의 안테나 입력에 공급된 전력 P_{in}[W]는 방사전력 P_r[W] 및 손실전력 P_{loss}[W] 및 축적되는 전력 P_{store}[W]들의 합으로 표시된다.

$$P_{in} = P_r + P_{loss} + P_{store} \tag{2.2}$$

따라서 전기적인 소형안테나는 안테나 및 안테나 주변 공간상에 축적되는 에너지가 증가되는 동시에 낮은 방사저항으로 인하여 방사전력이 적어지므로 안테나 효율이 낮아지게 된다.

마찬가지로 $f = 100\,[\text{MHz}]$에서 동작하는 도선의 직경 D가 $D = \lambda/10$의 크기를 갖는 소형 루프안테나의 입력임피던스는 대략 $Z_{in} = 3 + j800\,[\Omega]$으로 큰 유도성 리액턴스 값을 가지며 낮은 방사저항 값을 나타낸다. 이상적인 안테나 정합회로를 사용하여 이들 안테나에 대한 리액턴스 값을 영으로 만들어 주어도 안테나의 방사효율 η_{eff} 값은

$$\eta_{eff} = \frac{P_r}{P_{in}} \times 100\,[\%] = \frac{R_r}{R_r + R_{loss}} \times 100\,[\%] \tag{2.3}$$

이므로 방사저항 R_r이 작아진다는 점은 상대적으로 R_{loss}의 값이 증가하는 것과 같은 효과를 나타내므로 안테나의 크기를 축소하면 안테나의 효율이 낮아지며, 이에 따라서 안테나의 이득도 감소하게 된다.

(2) 안테나 정합 문제

전기적인 소형안테나로 사용되는 구조인 미소 다이폴(또는 미소 모노폴)의 경우는 큰 용량성 입력리액턴스 값을 나타내고, 소형 루프안테나의 경우에는 큰 유도성 입력리액턴스 값을 나타내므로 이들 안테나를 정합시키려면 각각 코일과 커패시터 회로를 사용하여야 한다. 예를 들어 위에서 언급된 $f=100\,[\mathrm{MHz}]$에서 동작하는 $l=\lambda/10$의 길이를 갖는 미소 다이폴안테나에 대한 정합회로를 [그림 2-4]에 나타내었다.

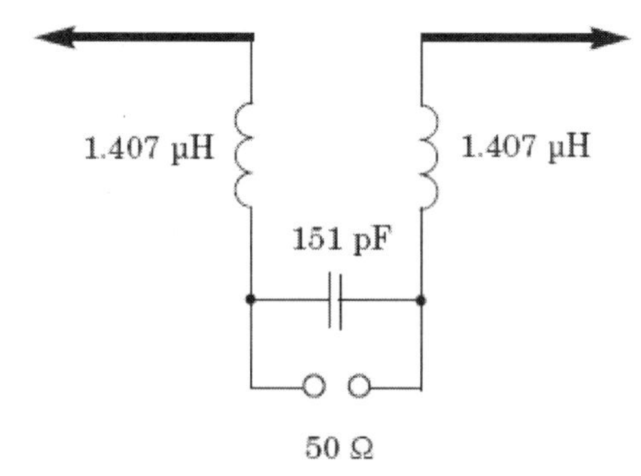

[그림 2-4] 미소 다이폴안테나에 대한 정합회로

실제에 있어서 이상적인 인덕터는 존재하지 않으므로 $Q=100$ 정도인 코일을 사용하여 정합시키는 경우에 이 코일은 X_L/Q_L의 저항 값을 나타내므로 $X_L/Q_L=8.79[\Omega]$이라고 가정하면 두 개의 코일을 사용하였으므로 전체 약 17.6[Ω]의 손실저항이 추가되어 커패시터의 손실을 무시하여도 이들로 인한 총 손실은 정합회로가 없는 경우 안테나의 입력임피던스가 $Z_{in}=1.96-j1758[\Omega]$이므로,

$$20\log\left[\frac{1.96}{17.6+1.96}\right]=21\,[\mathrm{dB}] \tag{2.4}$$

가 된다.

위에서 기술한 바와 같이 전기적 소형 다이폴안테나는 매우 낮은 방사저항과 매우 큰 용량성 리액턴스를 갖게 되므로 비효율적인 안테나이다.

이러한 안테나들을 정합시키는 다른 한 가지 방법으로는 [그림 2-5]에 나타낸 바와 같이 음의 유전율(epsilon-negative : ENG) 또는 음의 투자율(mu-negative : MNG)을 갖는 쉘 구조를 각각 전기적 소형 다이폴안테나 또는 소형 루프안테나 외부에 결합시켜 주는 방법이 있다. [그림 2-5 (a)]에서 ENG 쉘은 유도성 소자로 작용하므로 용량성 리액턴스를 갖는 소형 다이폴안테나와 결합되면 LC공진회로를 구성하므로 전기적인 소형 안테나를 효과적으로 정합시킬 수 있다.

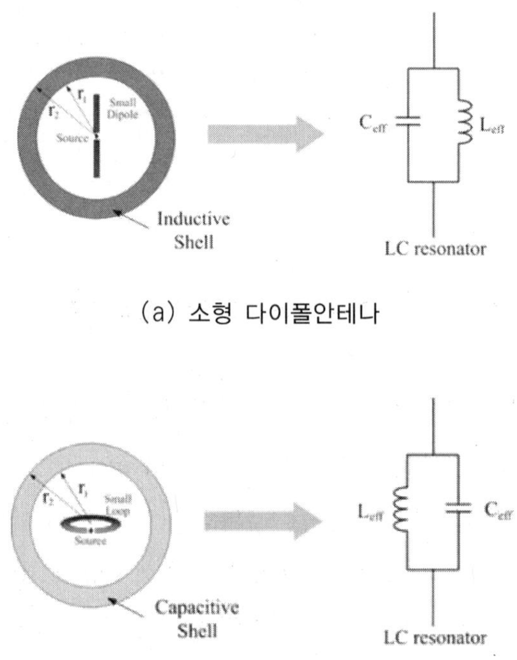

(a) 소형 다이폴안테나

(b) 소형 루프안테나

[그림 2-5] 음의 유전율 또는 투자율을 갖는 쉘을 이용한 임피던스 정합 개념

그러나 ENG 쉘이나 MNG 쉘은 분산 정합소자로서 이들 구조를 실제의 물질구조로 구현하여 소형안테나에 결합시키는 것은 쉽지 않다. 따라서 실제 안테나의 설계에 있어서는 등가구조적으로 유도성 리액턴스를 나타내는 접지면 상의 슬롯 구조나 용량성 리액턴스를 나타내는 평행판 커패시턴스 등의 구조를 사용하여 소형 다이폴이나 루프안테나를 임피던스 정합시키는 방법을 사용함이 일반적이다.

(3) 안테나의 대역폭 및 Q

Chu에 의하면, 안테나의 물리적인 크기 a와 Q의 최소값 $Q_{\min}$ 사이의 관계식은

$$Q_{\min} = \frac{1}{ka} + \frac{1}{(ka)^3} \tag{2.5}$$

으로 나타난다.

[그림 2-6]에 나타낸 바와 같이 안테나의 물리적인 크기 a값이 감소할수록 안테나의 리액턴스 값은 증가되므로 안테나의 효율이 감소되며, 동시에 $Q_{\min}$값은 급격하게 증가된다.

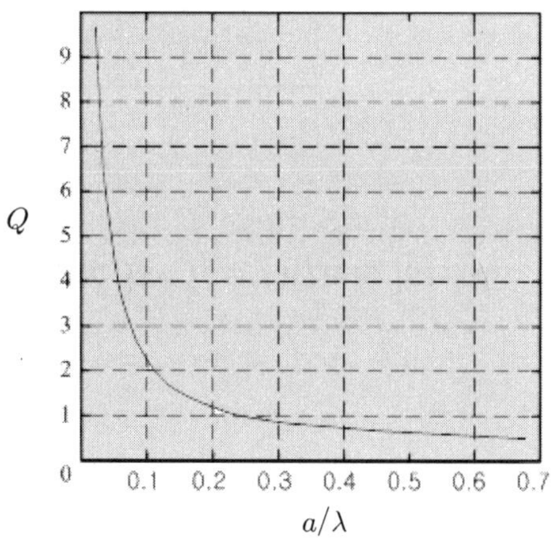

[그림 2-6] 안테나의 물리적인 크기 a와 $Q_{\min}$

안테나의 3dB 대역폭 B_{3dB}은

$$B_{3dB} = \frac{1}{Q_{min}} \tag{2.6}$$

이므로, Q_{min}값이 증가하면 안테나의 대역폭은 매우 협소해진다. 또한 일반적으로 안테나의 이득은

$$G = (ka)^2 + 2ka \tag{2.7}$$

로 나타내어질 수 있으므로 [그림 2-7]에 나타낸 바와 같이 안테나의 물리적인 크기 a값이 감소할수록 안테나의 이득도 급격히 감소하게 된다.

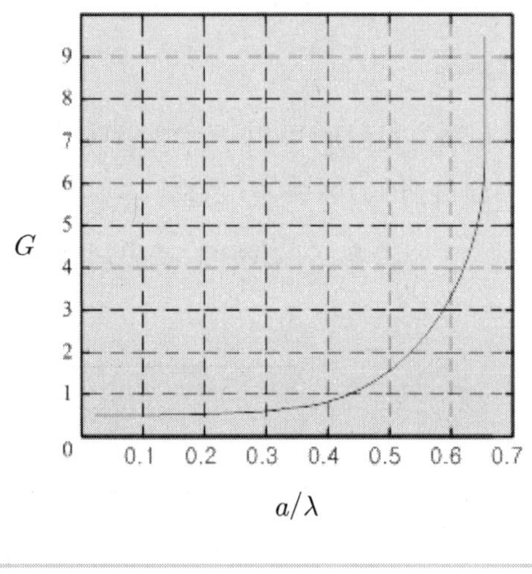

[그림 2-7] 안테나의 물리적인 크기 a와 이득 G

2.3 안테나의 소형화 기법

안테나의 소형화 기법은 크게 분류하면 ① 로딩(loading), ② 접지면 사용, ③ 다중대역 구조, ④ 메타 구조를 사용하는 방법 등으로 구분할 수 있다.

(1) 로 딩

접지형 선형안테나의 전기적인 등가회로를 [그림 2-8]에 나타내었다. 접지형 선형 안테나의 끝단은 개방되어 있으므로 선로 상에는 정재파 전류가 발생되며, 선로의 길이를 변화시키면 도선의 길이가 $\lambda/4$, $3\lambda/4$, $5\lambda/4$, …인 곳에서 안테나는 직렬공진하게 된다. 이 경우 직렬공진 하는 주파수 중에서 가장 낮은 주파수를 안테나의 고유주파수라 한다.

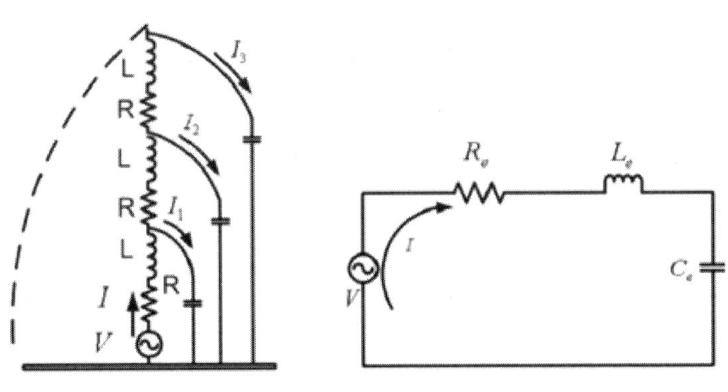

(a) 분산정수 등가회로 (b) 집중정수 등가회로

[그림 2-8] 안테나의 전기적인 등가회로

안테나가 고유주파수 부근에서 동작하고 있는 경우에 안테나의 전기적인 등가회로를 [그림 2-8 (b)]와 같이 집중정수 등가회로로 나타내면, 이 안테나의 입력임피던스 Z_{in}와 공진주파수 f_0는 각각

$$Z_{in} = R_e + j\left(\omega L_e - \frac{1}{\omega C_e}\right)[\Omega] \tag{2.8}$$

$$f_0 = \frac{1}{2\pi\sqrt{L_e C_e}}[\mathrm{Hz}] \tag{2.9}$$

로 나타내어진다. 여기서 R_e, L_e, C_e를 각각 안테나의 실효 저항, 실효 인덕턴스, 실효 커패시턴스라 한다. 안테나를 고유주파수 이외의 주파수로 여진하면 공진하지 않으므로 리액턴스 항은 영이 되지 않는다. 이러한 경우에 안테나의 리액턴스가 영이 되도록 인덕턴스 L_b인 코일이나 커패시턴스 C_b인 커패시터를 부가하여 안테나를 공진시키는 것을 로딩이라고 한다. 이 경우에 로딩에 의한 안테나의 공진주파수를 각각 f_{01}, f_{02}라고 하면,

$$f_{01} = \frac{1}{2\pi\sqrt{(L_e + L_b)C_e}}[\mathrm{Hz}] \tag{2.10}$$

$$f_{02} = \frac{1}{2\pi\sqrt{L_e\left(\frac{C_e C_b}{C_e + C_b}\right)}}[\mathrm{Hz}] \tag{2.11}$$

로 나타나며, 실제에 있어서 칩 인덕터, 칩 커패시터 또는 분산정수 소자를 사용하여 구조적으로 로딩을 구현할 수 있다.

[그림 2-9]에 수직접지 선형안테나의 경우에 인덕티브 및 커패시티브 로딩을 시킨 구조를 나타내었다.

(a)의 경우는 안테나의 길이가 $\lambda/4$보다 짧은 경우에 안테나는 커패시티브 리액턴스를 가지므로 코일을 사용하여 인덕티브 로딩을 함으로써 안테나의 길이를 등가적으로 $\lambda/4$ 길이로 만들어 주는 방법이며, 이 경우에 사용되는 코일을 연장 코일이라고 한다.

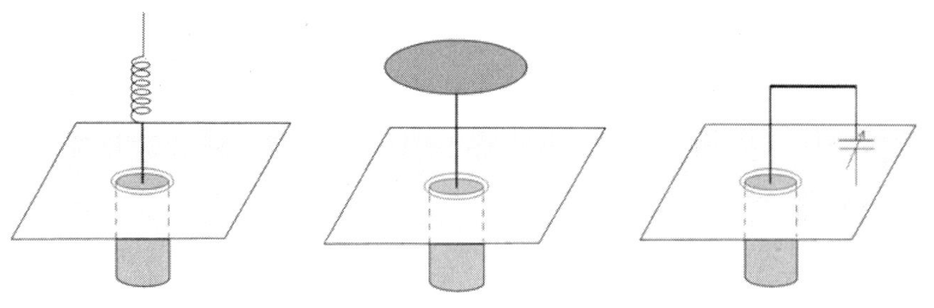

[그림 2-9] 인덕티브와 커패시티브 로딩 예

(b)의 경우는 안테나 도선의 끝단에 원형 평판을 설치하여(top 로딩) 접지면과 평판 사이에 만들어지는 용량성 부하를 이용하는 방법이며, 이 경우에 용량성 부하 C_b는 안테나의 실효정전 용량 C_e와 병렬합성 되어져 안테나의 공진주파수를 낮추는 효과를 가져 오므로 C_b를 단축 커패시터라고 한다.

(c)의 경우는 도선을 굽혀서 역L형 안테나의 구조로 만들어준 형태이며, 굽혀진 도선의 수평부와 접지면 사이에 (b)의 경우와 마찬가지로 커패시턴스가 발생하므로 일종의 커패시티브 로딩의 효과를 나타낸다. 그러나 칩 인덕터 또는 칩 커패시터를 사용하여 안테나를 로딩시키는 경우에 칩 부품들에 의한 손실저항 값들이 발생되므로 이들에 의한 안테나 효율이 저하되며 안테나의 대역폭이 감소하는 것을 염두에 두어야 한다.

안테나의 크기를 상대적으로 소형화시키는 다른 한 가지의 방법은 안테나를 비유전율이나 비투자율이 큰 물질을 사용하여 제작하면, 안테나의 고유 공진주파수가 감소되는 방법을 이용하는 것이다. 자유공간 내에서 파장이 λ_0의 크기를 갖는 전파는 비유전율 ϵ_r, 비투자율 μ_r인 매질 내로 입사되었을 경우에 파장 λ는 다음과 같이 나타난다.

$$\lambda = \frac{\lambda_0}{\sqrt{\epsilon_r \mu_r}} \tag{2.12}$$

[그림 2-10 (a)]와 같이 자유공간 내에 놓인 길이 $h = \frac{\lambda}{4}$인 수직 접지 안테나를 (b)와 같이 비유전율 ϵ_r, 비투자율 μ_r로 채워진 균일한 매질 내에서 (a)와 동일한 공진주파수를 나타내는 길이 $h_1 = \frac{\lambda}{4\sqrt{\epsilon_r \mu_r}} < h$로 된다.

따라서 [그림 2-10 (b)]와 같이 유한한 크기를 갖는 매질로 안테나를 구현하면 동일한 공진주파수를 나타내는 길이 h_2는

$$\lambda/4\sqrt{\epsilon_r \mu_r}\,(= h_1) < h_2 < \lambda_0/4(= h) \tag{2.13}$$

로 나타난다. 이론적으로는 높은 비유전율 ϵ_r 또는 비투자율 μ_r을 사용하면 안테나의 크기를 감소시킬 수는 있으나, 일반적으로 이러한 매질은 손실이 많으며, 매질의 가격이 고가인 점이 문제이다. 특히 사용 주파수 대역이 높아질수록 손실이 적은 유전체나 자성체 매질을 구현하는 것이 힘들어진다.

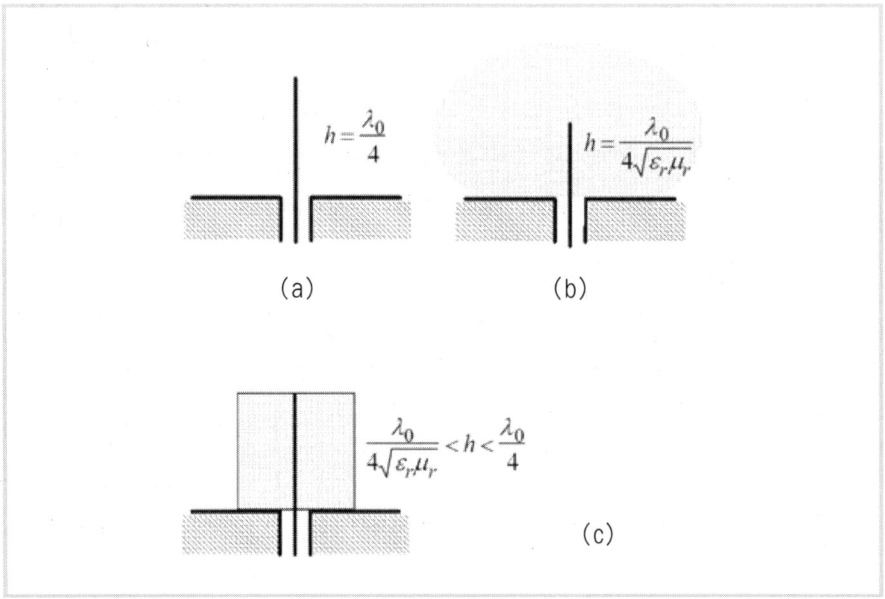

[그림 2-10] 비유전율 ϵ_r, 비투자율 μ_r인 매질 내에 놓인 안테나

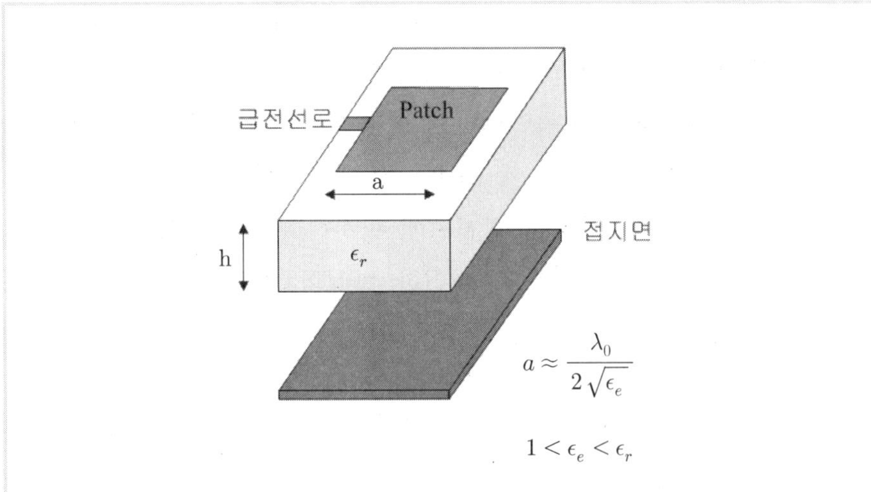

[그림 2-11] 마이크로스트립 패치 안테나

[그림 2-11]에 나타낸 바와 같이 마이크로스트립 패치 안테나를 비유전율 ϵ_r인 유전체 기판을 사용하여 설계하는 경우에, 패치의 크기 a는 $a \approx \lambda_0/2\sqrt{\epsilon_e}$ 로 된다. 여기서 $\epsilon_e(<\epsilon_r)$는 실효유전율 값이며, 사용하는 유전체 기판의 비유전율 ϵ_r 값이 높아질수록 안테나의 크기 a를 감소시킬 수는 있으나, 유전체 손실에 의하여 안테나의 Q값이 높아지므로 대역폭이 감소하는 점을 고려하여 설계하여야 한다.

(2) 접지면 사용

[그림 2-12]에 나타낸 바와 같이 비접지용 선형안테나의 가장 기본적인 형태는 $\lambda/2$ 다이폴안테나이며, 접지용 선형안테나의 가장 기본적인 형태는 $\lambda/4$ 모노폴안테나이다.

안테나 영상이론에 의하면 무한히 넓은 완전 접지면($\sigma=\infty$)을 갖는 무한 평판 위에 놓여진 길이 $\lambda/4$ 모노폴안테나의 접지면 상의 전계는 $\lambda/2$ 다이폴안테나의 경우와 동일하다. 따라서 $\lambda/4$ 모노폴안테나 방사패턴은 자유공간에 놓여진 $\lambda/2$ 다이폴안테나와 동일하므로, 안테나의 크기를 반으로 줄일 수 있다. 그러나 접지면 하측으로는 실제 전력이 방사되지 못하므로 완전 접지면 상에 놓여진 $\lambda/4$ 모노폴안테나 방사전력은 $\lambda/2$ 다이폴안테나의 방사전력의 1/2만큼 방사하게 된다.

이러한 접지면 위에 놓여진 안테나에서는 [그림 2-13]에 나타낸 바와 같이 직접파 이외에 접지면에 반사하여 도달하는 반사파에 의한 전력을 고려하여야 하므로 이러한 반사파는 영상안테나(image antenna)로부터 방사되는 것으로 모델링한다.

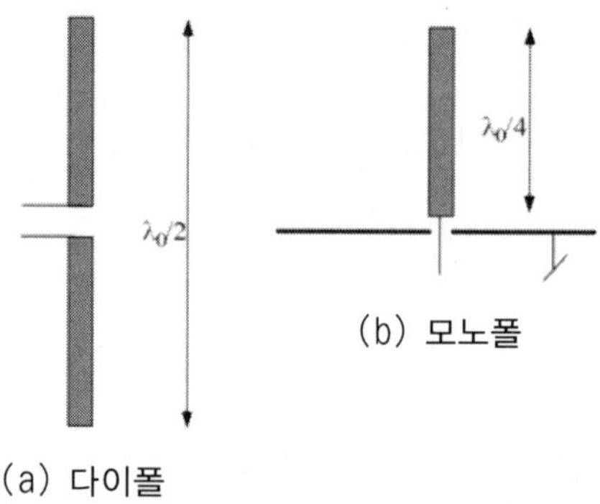

[그림 2-12] $\lambda/2$ 다이폴과 $\lambda/4$ 모노폴안테나

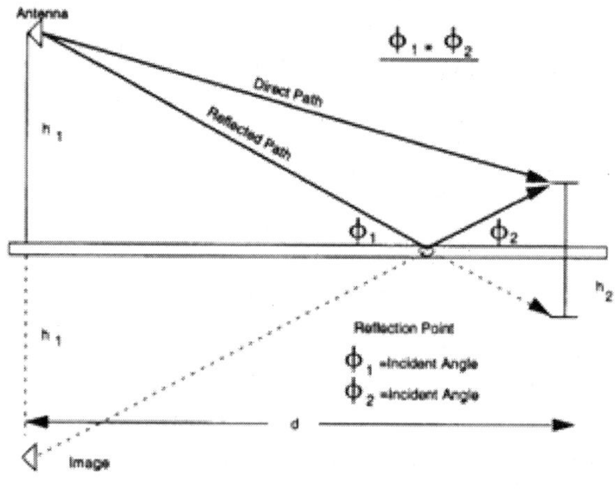

[그림 2-13] 영상안테나 이론

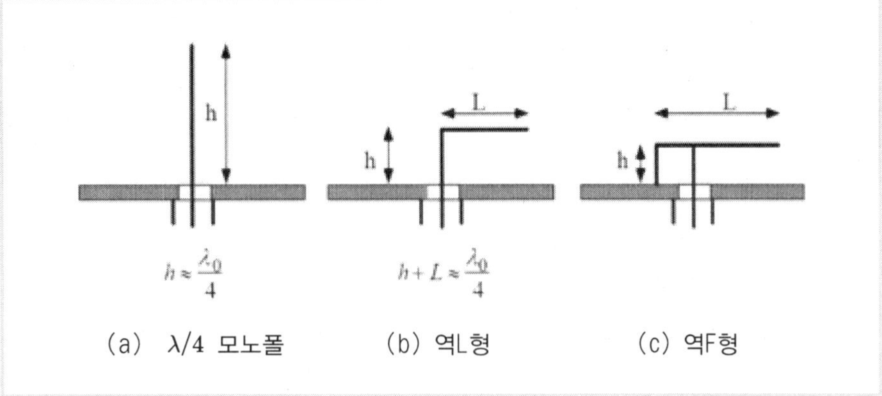

[그림 2-14] λ/4 모노폴안테나의 소형화

λ/4 모노폴안테나를 소형화하기 위하여 [그림 2-14 (b)]에 나타낸 바와 같이 역L형 형태로 하여 수직부의 길이를 감소시키는 방법을 사용하거나 [그림 2-14 (c)]와 같이 선형 역F형 안테나(IFA)가 주로 사용된다. 이 안테나는 역 역L형 안테나의 변형으로서 안테나의 급전점 부근에 단락 스터브를 설치하여 용량성 리액턴스를 상쇄시키는 동시에 안테나의 입력임피던스를 50 [Ω]으로 정합시킨다.

선형 역F형 안테나를 평면형으로 구현한 것이 평면형 역F형 안테나(PIFA)이며 이 안테나도 근본적으로 λ/4 모노폴안테나의 변형의 일종으로 볼 수 있다.

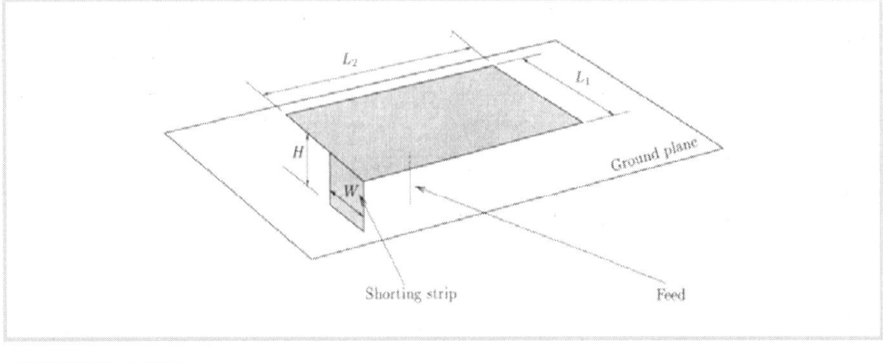

[그림 2-15] PIFA

PIFA를 설계하려면 설계 중심주파수에서 $L_1 + L_2 + H \approx \lambda/4$를 고려하여 설계하게 된다. 그러나 PIFA 구조에는 단락선로가 일정 길이의 단락 폭 W를 가지고 있어서 이 폭의 크기에 따라서 접지면 상단의 패치 평면상의 전류분포가 변화하게 되므로 안테나의 대역폭, 이득 등의 특성이 달라진다.

[그림 2-16]에 PIFA의 평판의 크기 L_1, L_2 및 단락 판의 폭 W의 크기 변화에 따른 평판 상의 전류분포의 변화를 나타내었다. L_2/L_1의 비가 작은 경우에는 대체적으로 수평 방향으로 전류가 분포되나 L_2/L_1의 비가 크고 단락 판의 폭 W가 적으면 수직 방향으로 전류가 분포되는 것을 알 수 있다.

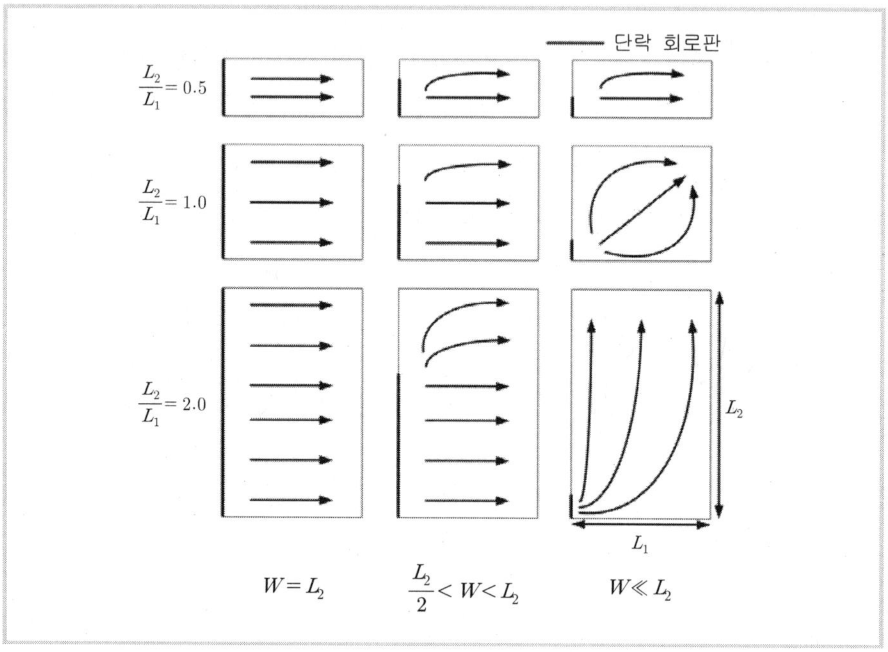

[그림 2-16] 패치 상의 전류분포

실제로 $L_2/L_1 \approx 0.5$이고 $W \ll L_2$인 경우에 컴퓨터로 모의실험한 안테나 도체 상의 전류분포를 [그림 2-17]에 나타내었다.

[그림 2-17] 안테나 도체 상의 전류분포(모의실험 결과)

그 외에도 [그림 2-18]에 나타낸 바와 같이 안테나의 수직부 도선의 형태를 헤리컬 형태로 만들어 주거나 [그림 2-19]와 같이 도선을 미엔더 형태로 접어서 안테나의 길이를 소형화시키는 방법 등이 있다.

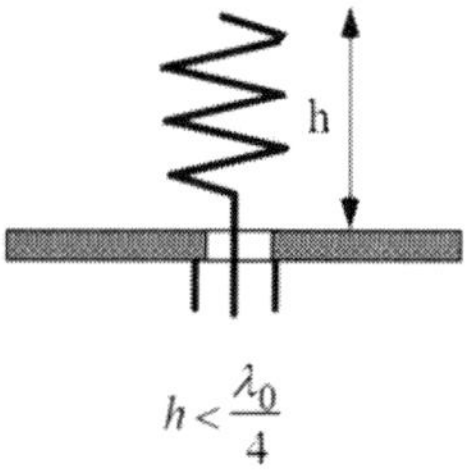

[그림 2-18] 헤리컬(helical) 안테나

[그림 2-19 (a)]에 미엔더 안테나의 전류분포를 나타내었다. 미엔더 안테나의 경우는 구부려진 도선 상의 수평부 전류는 원거리 계에서 서로 상쇄되므로 수직부 전류가 안테나로부터의 에너지 방사에 기여하게 된다. [그림 2-19 (b)]에 모의실험된 미엔더 안테나의 전계분포를 나타내었다. 방사가 주로 안테나 도선의 수직부 부분에서 발생되므로 안테나 도체의 수직 부분의 전계 강도가 강하게 나타나고 있다.

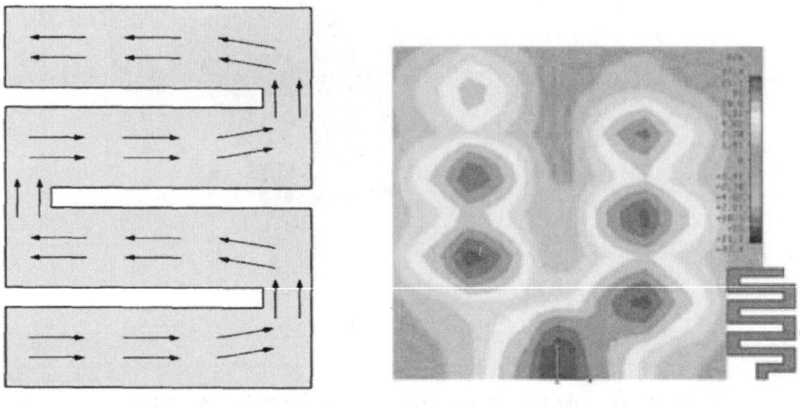

(a) 전류분포 (b) 전계분포

[그림 2-19] 평판형 미엔더(meander) 안테나

그러나 [그림 2-20 (a)]에 나타난 바와 같이 접지면의 면적의 폭이 좁을 경우에는 접지면 상의 전류의 크기가 비교적 커지게 되므로 이들에 의한 방사로 인하여 안테나의 성능이 변화되므로 안테나 설계에 있어서 이 점을 고려하여야 한다.

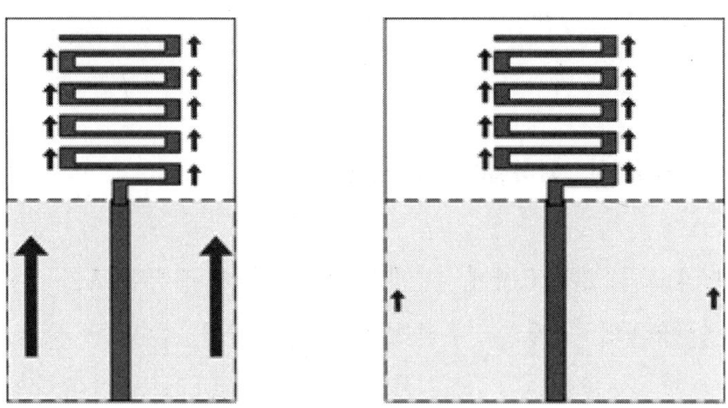

(a) 접지면의 폭이 좁을 경우 (b) 접지면의 폭이 넓을 경우

[그림 2-20] 미엔더 안테나의 전류분포

평면형 안테나의 가장 대표적인 구조는 [그림 2-21 (a)]에 나타난 바와 같은 패치 한 변의 길이가 약 $\lambda/2$길이를 갖는 마이크로스트립 패치 안테나이다.

기본 모드인 TE_{10}인 경우에 패치의 중심선상에서 패치와 접지면 사이의 전압은 영전위가 되므로 [그림 2-21 (b)]와 같이 단락 핀을 사용하여 패치의 한쪽 면을 접지시키면 크기를 반($\approx \lambda/4$)으로 줄일 수 있다. 그러나 패치의 크기가 작아지는 반면에 이러한 안테나의 대역폭도 원래 크기의 패치 안테나와 비교하면 반으로 감소하게 되는 단점이 발생된다.

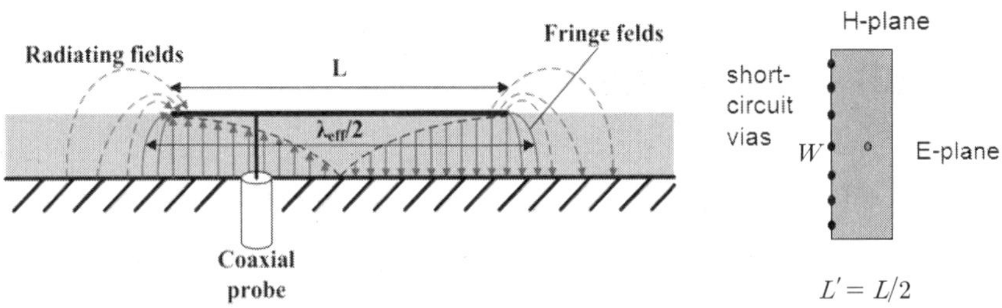

(a) 전류분포

(b) 단락 핀을 갖는 $\lambda/4$길이 패치

[그림 2-21] 마이크로스트립 패치 안테나

[그림 2-22]에 나타낸 바와 같이 원래 패치의 크기는 그대로 유지하는 대신에 패치 도체 상에 노치(notch) 또는 슬롯(slot) 등을 형성시키면 도체 상의 전류의 경로가 길어지게 되므로 안테나의 공진주파수가 상대적으로 낮아지게 된다. 따라서 패치의 크기 a를 $a < \lambda_g/2$로 소형화할 수 있다.

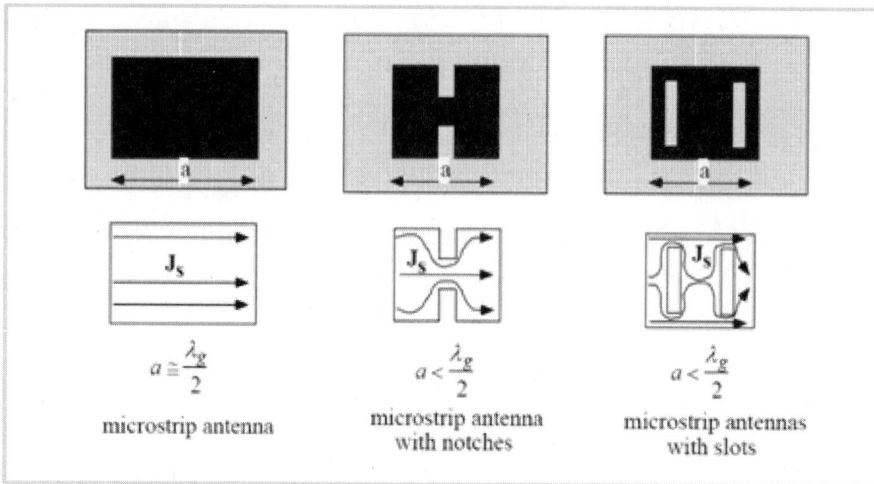

[그림 2-22] 마이크로스트립 패치 안테나의 소형화

(3) 다중대역 구조

하나의 안테나를 다중공진 구조로 설계하여 다중대역 서비스가 가능하도록 하면 다수의 안테나를 하나의 안테나로 축소시킨 결과를 나타낼 수 있으므로 상대적으로 안테나를 소형화시킨 효과를 얻을 수 있다.

안테나를 다중공진시키기 위한 기본적인 기법에는 ① 다중 전류 경로의 형성, ② 스택(stack) 소자의 사용 및 ③ 기생소자(parasitic element)를 사용하는 방법들이 있다. 이러한 다중대역 안테나의 원리는 [그림 2-23]에 나타낸 형태와 같이 서로 다른 크기를 갖는 각각의 선형 미엔더 구조를 결합시켜 사용하여도 가능하나 전체 안테나의 크기를 증가시키게 된다.

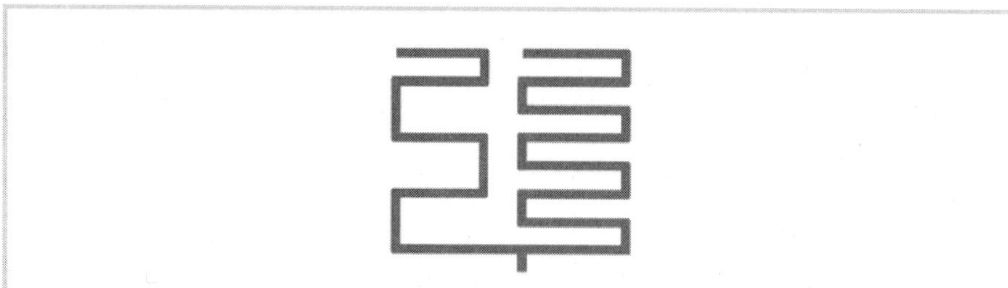

[그림 2-23] 서로 다른 공진 길이를 갖는 이중대역 미엔더 안테나

Chapter

3

핸드셋 안테나

3.1 개 요

최근 핸드폰을 이용한 다양한 서비스가 요구되고 있으므로 다수의 주파수 대역에서 동작하는 여러 안테나들이 필요하다. 이러한 안테나들을 외장형으로 사용하면 회로의 집적도가 커지게 되고, 소비자들은 내장형 안테나를 선호하고 있으므로 핸드폰 안테나 설계가 중요한 문제로 부각되고 있다. 콤팩트한 크기의 핸드폰 내부에 안테나가 내장되면, 카메라, 스피커, 건전지 등의 각종 내장 부품 및 모듈들과 근접하게 되므로 이들과 전자기적 결합으로 인한 성능 저하 문제 등을 안테나 설계에서 고려하여야 하며, 다중대역을 서비스할 수 있는 다중대역안테나의 설계가 중요한 이슈로 등장하고 있다.

고주파회로 설계와 마찬가지로 안테나 설계는 실제에 있어서는 간단하지 않다. 전자파의 방사 현상을 계산하기 위하여 높은 난이도를 갖는 계산이나, 방정식들을 사용하여 비교적 정확한 모델링을 하여도 실제 안테나에 영향을 미치는 변수들이 많기 때문이다. 이는 안테나 주변의 여러 가지 부품들, 보드 상에 존재하는 전자계 소스들이 모두 안테나 방사에 많은 영향을 주고 있음에 기인된다.

3.2 안테나 설계에서 고려할 점

안테나 설계의 최대 목표는 핸드셋(Handset) 안테나의 가장 저렴한 가격의 최상의 성능을 갖는 것이다. 설계자는 이러한 목표를 달성하기 위하여 다음과 같은 점을 고려하여 설계하여야 한다.

(1) 안테나의 위치

안테나는 놓여진 주변의 환경에 따라서 안테나 이득 및 대역폭 등과 같은 성능이 변화하므로 설계 초기에 안테나가 놓여질 위치를 고려하여 설계하여야 한다.

많은 안테나들이 실제로는 무선 플랫폼의 접지면을 안테나로 변환시켜 사용하는 정합소자 역할을 하게 되므로, 이러한 경우에는 플랫폼의 크기나 형상이 안테나의 이득이나 방사패턴 등에 영향을 주게 되므로 설계 초기에 이들에 대한 고려도 필요하다. 또한 외장형안테나를 사용할 것인가, 이와는 반대로 내장형 안테나를 사용할 것인가도 초기의 설계에서 결정되어야 한다. 오늘날 대부분의 핸드셋의 크기가 80 [mm]에서 100 [mm] 사이이며 안테나는 핸드셋의 상부 또는 하부에 대부분 위치하고 있으며 안테나의 크기는 보통 4 [mm^3] 정도이다.

(2) 안테나의 크기

외장형 안테나의 가장 대표적인 모노폴의 경우에는 1/4 파장길이의 안테나가 주로 사용되지만, 내장형안테나의 경우에는 허용된 내부의 공간의 크기가 제한되므로 안테나의 크기가 매우 중요하여지며, 원하는 성능을 얻기 위한 안테나의 크기대비 성능에 대한 고려가 설계 관건이 된다.

(3) 인체의 영향

인간의 몸체는 전자파를 흡수하여 안테나의 성능에 많은 영향을 주므로 설계에 있어서 안테나가 놓여진 위치에서 인간의 머리부나 손부분에 얼마나 근접하여 있게 되는가를 고려하여야 하며, 특히 최근에는 SAR 레벨이 중요한 이슈로 등장하고 있다.

안테나 설계에 있어서 여러 가지 모델링 기법을 적용한 상용 설계 툴 등이 주로 사용되고 있으나, 실제로는 100 [%] 만족되는 해법은 존재하지 못하므로 설계자는 안테나의 최적 성능을 구현하기 위하여 경험적인 데이터를 수집하고 이를 기반으로 설계하여야 한다.

3.3 핸드셋 안테나 종류

[그림 3-1]에 여러 가지 종류의 외장형(external) 안테나의 구조를 나타내었다.

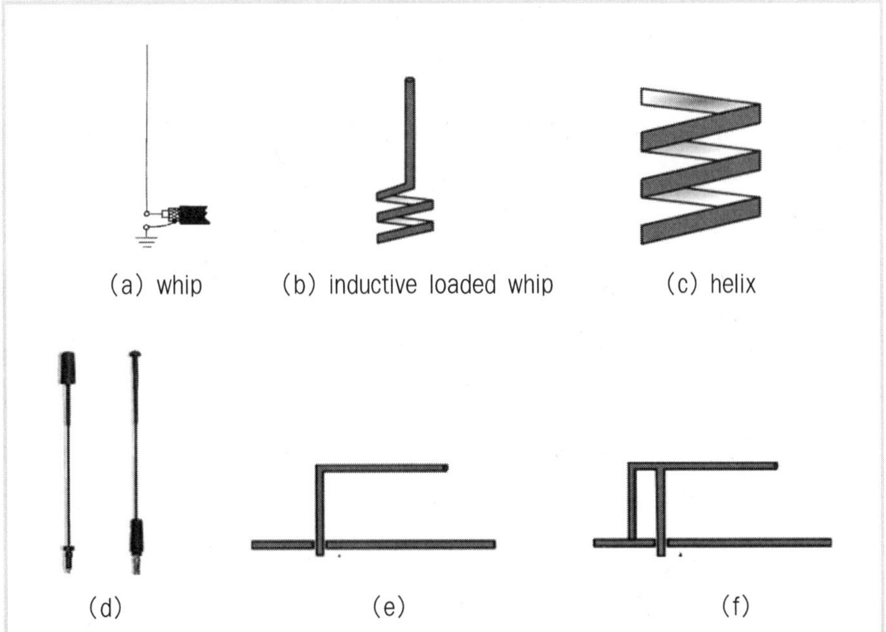

[그림 3-1] 선형안테나

[그림 3-1 (a)]에 나타낸 1/4파장 휩안테나는 공진형안테나로서 초기의 대부분의 핸드셋에 주로 사용되어 왔다. 이 안테나는 수평면 내의 방사패턴이 무지향성을 나타내므로 어느 방향에서 전파가 입사되어도 수신이 양호하게 이루어지며, 간단하게 안테나를 설계할 수 있는 구조이다.

이론적으로는 항상 안테나가 수직 방향으로 1/4파장되는 길이를 유지하면서 무한히 넓은 접지면적을 유지하여야 최대 성능을 나타내게 되지만, 실제 핸드셋에서 안테나의 접지면의 크기가 작으므로 단말기에 부착된 안테나의 접지면도 일종의 방사체로 동작하게 되므로, 수직면 내의 지향특성이 저각도 방사하는 특성을 나타내게 된다.

이러한 안테나의 크기를 공진 길이보다 줄이는 것은 안테나 대역폭 및 효율의 감소로 인하여 현실적으로 불가능하다. 따라서 전기적 공진 길이를 유지한 채로 물리적 길이를 줄이는 기법들이 매우 다양하게 도입되어 왔다. 예를 들면, 주파수가 낮은 대역에서 안테나의 크기를 축소하기 위하여 [그림 3-1 (b)]와 같이 안테나의 하부에 코일형의 인덕턴스를 접속시켜 인덕턴스 로딩 효과를 이용하는 방법이 사용될 수 있다.

저주파 대역에서는 안테나의 길이가 길어지게 되는 단점을 가지고 있으므로 안테나의 길이를 축소하기 위하여 [그림 3-1 (c)]와 같은 normal mode 헤릭스 구조의 안테나가 병행되어 사용되어 왔다.

이 안테나의 물리적인 크기는 약 1/12파장이며, 전기적인 등가 안테나의 길이는 1/4파장인 휩안테나로서 동작하는 안테나이다. 그러나 이 안테나의 수직면 내의 방사패턴은 1/4파장 휩안테나보다 더욱 하향된 방사패턴을 나타내게 되므로 성능은 저하된다.

따라서 1/4파장 휩안테나와 병행 사용하여 전계 강도가 강한 시내 구간에서는 휩안테나를 사용하지 않고 헤릭스에 의한 수신을 하게 되고 전계 강도가 약한 시외구간 등에서는 휩안테나를 통하여 수신하는 방법이 종래에 주로 사용되어 왔다.

[그림 3-1 (d)]는 1/4파장 휩안테나와 헤릭스 안테나를 결합시킨 이중대역 신축 가능형(retracted type) 안테나 구조이다.

헤릭스는 휩안테나의 상단에 위치하고 있으며 [그림 3-1 (c)]와 같은 상태로 놓여 있는 경우에는 1/4파장의 안테나로 고역주파수대에서 동작하고, 신축 가능형(retracted type)으로 될 경우에는 저역주파수대에서 동작할 수 있도록 만들어진 이중대역 안테나이다.

이 안테나는 단일 헤리컬 안테나에 비해 최고 1.5[dB] 이상의 방사이득을 가지며 대역폭 역시 월등하다. 이 안테나는 다시 Loading된 안테나부가 휩의 어느 부분에 위치하느냐에 따라 상단부하(Top loading)와 하단부하(Bottom loading)의 2가지 형태로 구분하게 된다.

신호대기 상태에서 전파환경이 양호할 경우에는 헤리컬 안테나가 단독으로 동작시켜 사용하며 전파의 세기가 미약한 경우에는 1/4파장 휩안테나를 신장시켜 놓으면 두 개의 안테나가 동시에 동작되도록 하여 사용한다.

각 안테나에 대한 급전 방식 및 두 개의 안테나의 결합 방식에 따라서 헤리컬 안테나와 휩안테나를 직접 연결하거나 전자기적 결합 방식에 의하여 접속시키는 다양한 구조가 사용되어 왔다. 그러나 최근에는 디자인적인 측면에서 대부분의 핸드셋 안테나에는 내장형 안테나를 사용하고 있는 추세이다. 최근에 좀 더 얇고 작은 단말기를 개발하기 위한 단말기 소형화 경쟁으로 인하여 단말기에 장착되는 안테나의 내장화 및 다중대역화 기술에 대한 연구가 집중되어 왔다.

이러한 안테나들의 대부분은 세라믹 칩형 안테나 및 PIFA 형태를 기본적인 구조로 하여 안테나를 단말기에 내장시키는 인테나(intena)에 대한 연구 개발이 활발하게 이루어지고 있다. 그러나 안테나를 핸드셋에 내장시키기 위하여 안테나를 소형화 설계하여야 하므로 이로 인한 안테나의 이득의 감소 및 핸드셋 내부소자와 근접 배치 등으로 인한 안테나의 특성 저하 문제, 인체의 영향 등으로 인한 수신감도의 저하 문제 등이 해결하여야 할 과제이다.

[그림 3-2]에 여러 가지 종류의 내장형(internal) 안테나의 구조를 나타내었다. 초기의 내장형 안테나 구조로는 인쇄기판회로 상에 선형안테나의 길이를 줄이기 위하여 미엔더 구조 또는 역L형 안테나가 사용되었다. 또한 이러한 구조에 병렬 급전부를 결합시킨 선형 역F안테나(IFA)와 안테나의 대역폭 등을 확장시키기 위하여 이를 평면형 구조로 한 평면형 역F안테나(PIFA) 등이 사용되었다.

PIFA는 평면형 구조를 가지고 있어서 단말기의 어느 위치에도 장착이 가능하며, 두 개 이상의 안테나를 설치하여 다이버시티 형태로 안테나 사용이 가능하나 안테나들의 부착 위치와 전체 핸드셋의 하우징 구조의 크기에 따라서 안테나의 전기적인 특성이 변화하게 되므로 설계 시에 이점을 고려하여야 한다.

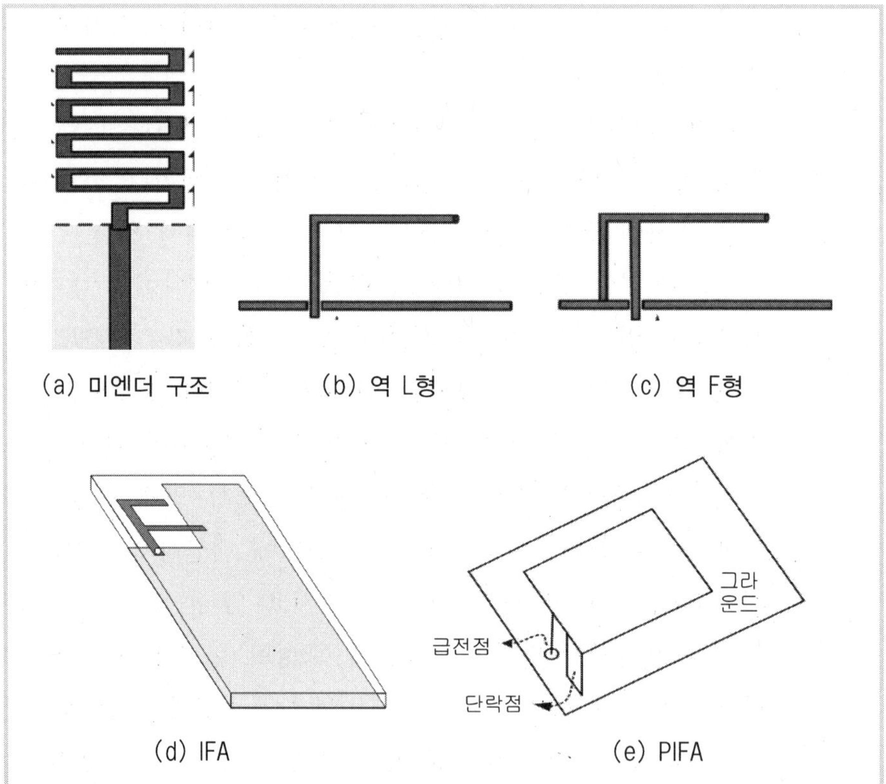

[그림 3-2] IFA 및 PIFA

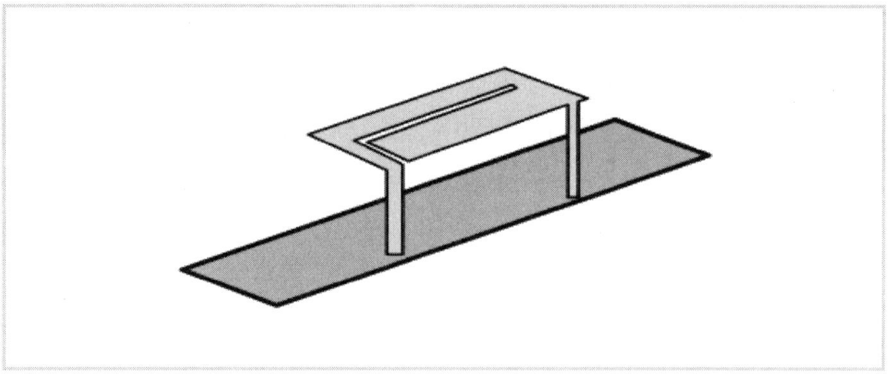

[그림 3-3] 이중대역 PIFA

900[MHz]와 1800[MHz] 주파수 대역을 동시에 사용하기 위한 이중대역 내장형 안테나의 구조를 [그림 3-3]에 나타내었다.

이 안테나의 전체 크기는 900[MHz]에서 동작하는 PIFA이다. 평판의 일부가 슬롯에 의하여 2개의 안테나로 분리되며 하단의 직사각형 구조의 안테나는 1800[MHz]에서 동작되도록 설계하여 이중대역 안테나로 동작된다. 1800[MHz]에서 직사각형의 900[MHz] 대역의 안테나는 커패시턴스 성분으로 동작되며, 900 [MHz]에서 L형의 1800[MHz] 대역 안테나는 높은 임피던스 성분을 나타내므로 대부분의 방사전력은 직사각형 형태의 900[MHz] 안테나에 의하여 방사된다.

제 1 장 안테나 설계에서 설명한 바와 같이 하나의 안테나 도체 상에는 하나의 전도전류 밀도 벡터 J가 존재하므로 다수의 전도전류 밀도 벡터 $\overline{A}$를 갖는 안테나는 다중대역 안테나로 동작시킬 수 있다. 따라서 서로 다른 공진점을 가지는 2개 이상의 전류 경로를 갖도록 선형 또는 평면형 방사소자 위에 설계하여 다중대역 공진을 구현하면 다중대역 안테나의 설계가 가능하다.

일반적으로 평면형 방사소자의 경우에는 하나의 평판 상에 하나의 슬롯을 부설하면 간단하게 이중전류 경로가 형성되므로 이중대역 안테나로 동작한다. 기본적으로 PIFA는 $\lambda/4$ 모노폴안테나의 변형이므로 단일한 공진주파수를 가지고 있다.

[그림 3-4]에 나타낸 바와 같이 PIFA의 평면 위에 L형 슬릿을 부설하면 전류의 경로가 이중으로 나누어지므로 안테나의 공진주파수는 두 개가 발생된다. 일반적으로 PIFA는 단락 핀을 사용하므로 [그림 3-4 (b)]의 동작 모드 B와 같은 전류 경로가 형성된다. L형 슬릿의 길이를 d_3라고 가정하고 이 슬릿에 의하여 PIFA의 평면 위에 형성된 두 개의 전류 경로를 각각 d_1, d_2로 놓으면 동작 모드 B의 경우 두 개의 안테나의 공진주파수 f_2, f_3는 각각

$$f_2 \approx \frac{c}{4d_2}, \quad f_3 \approx \frac{c}{4d_3} \tag{3.1}$$

으로 나타난다. 여기서 c는 진공 중에서 전파의 속도이다. 이 경우에 f_3는 $\lambda/4$ 개방 슬롯 안테나, f_2는 $\lambda/4$ 모노폴안테나의 공진주파수를 의미한다. 그러나 [그림 3-4 (a)]와 같이 단락 핀을 사용하지 않는 동작 모드 A의 경우에 두 개의 안테나의 공진주파수 f_1, f_2는 각각

$$f_1 \approx \frac{c}{4(d_1+d_2)}, \quad f_2 \approx \frac{c}{4d_2} \tag{3.2}$$

로 나타난다.

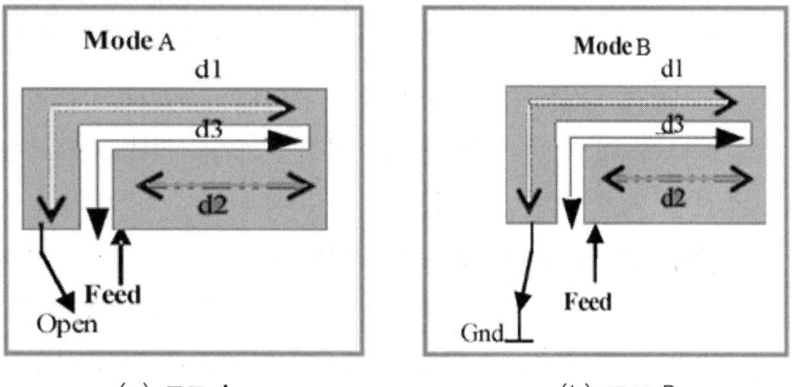

(a) 모드 A (b) 모드 B

[그림 3-4] 이중대역 PIFA의 동작 모드

여기서 f_1은 길이가 d_1+d_2인 $\lambda/4$ 모노폴안테나, f_2는 길이가 d_2인 $\lambda/4$ 모노폴안테나의 공진주파수를 의미한다. 이와 같이 안테나가 두 개의 공진주파수를 가지며, 이 두 공진주파수가 서로 근접하여 놓여 있다면 안테나의 대역폭이 확장되는 효과를 얻을 수 있다.

다중대역 안테나의 구현 방법으로 다른 하나의 방법은 안테나 방사소자 부근에 다른 기생도체를 위치시키고 전자기적인 결합을 이용하여 공진체에 기생공진을 발생시키는 것이다. 이 경우에 기생 공진체는 주 방사소자의 상측(stack)에 위치시키거나, 주 방사소자와 동일한 평면에 위치시킬 수 있다.

[그림 3-5]에 2개의 기생소자를 갖는 PIFA 구조를 나타내었다. 일반적으로 단일 소자로 설계된 PIFA는 오직 하나의 공진주파수 특성을 나타낸다. 그러나 동일한 PIFA 구조의 기생소자들을 주 안테나에 근접하여 위치시키면 전자기적인 결합에 의하여 이중 공진특성을 나타내게 된다.

[그림 3-5 (b)]에 나타난 바와 같이 주파수 2.01[GHz]와 2.13[GHz]에서 제작된 안테나가 이중 공진특성을 나타내며 이들 공진주파수들이 매우 근접되어 있으므로 결과적으로 단일 PIFA 구조의 안테나에 비하여 안테나의 대역폭이 확장되는 결과를 얻을 수 있다. 만일 앞에서 설명한 L형 슬릿을 부설한 이중대역 PIFA에 기생 공진소자를 사용하면 삼중대역 안테나의 구현도 가능하다.

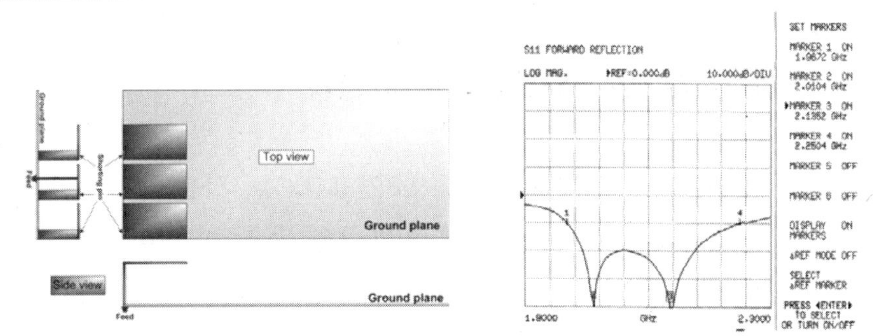

(a) 2개의 기생소자를 갖는 PIFA (b) 반사손실

[그림 3-5] 이중대역 안테나의 반사손실 측정 예

3.4 내장용 다중대역 안테나

수요자들의 요구에 부응하기 위하여 이동통신용 핸드셋의 크기가 점차 소형화 추세에 있으며 다양한 서비스를 제공하기 위하여 다중대역 안테나의 소형화가 요구되고 있다. 이동통신용 핸드셋에서 요구되는 다중주파수대역에는 GSM(890～960MHz), GPS(1575MHz), DCS(1710～1880MHz), PCS(1850～1990MHz), UMTS(1920～2170MHz), WLAN(2400～2484MHz) 등이 있다.

이러한 다중대역 서비스를 구현하기 위한 안테나의 설계에는 앞에서 소개된 λ/4 모노폴안테나, PIFA 및 루프안테나 등의 기본 안테나 구조를 방사소자로 사용하여 ① 이들 소자들을 직접 접속시키거나, ② 전자기적으로 결합시켜 사용하거나, ③ 고차 공진 모드를 이용하거나, ④ 대역폭이 매우 넓은 안테나 구조를 사용하는 방법 등이 있다.

또한 안테나의 크기를 최소화시키기 위하여 메안더링 모노폴 구조를 사용하거나 평면형 구조의 방사소자를 접힌 구조로 하는 방법 등을 사용하게 된다. 기본적으로는 전체 안테나의 구조를 3차원 형태로 설계하여 일종의 칩형 안테나 구조와 같은 형태로 설계하는 것이다.

(1) 개별 방사소자들의 직접 접속

[그림 3-6]은 비유전율이 7.8인 LTCC를 사용하여 설계된 GPS, PCS 및 위성 DMB용 삼중 대역 안테나의 구조이다. 비유전율 4.4인 FR4를 사용한 안테나의 접지면의 크기는 40mm×50mm이며 LTCC 칩 안테나의 크기는 12.5mm×20mm×1mm이다.

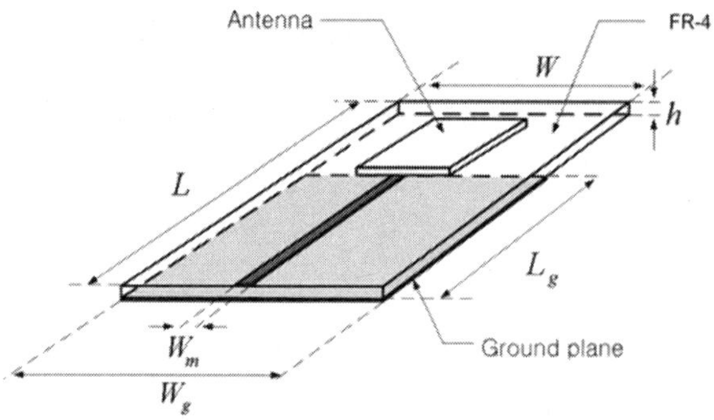

(a) 안테나 접지면 환경

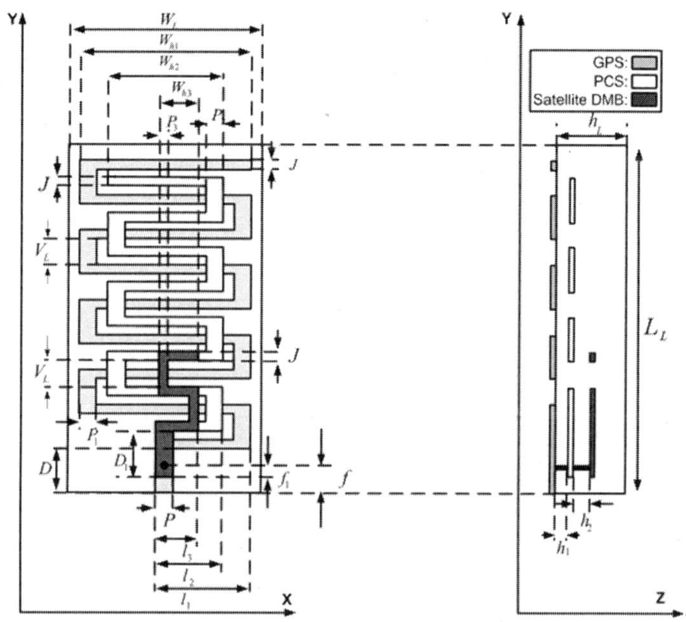

(b) 안테나 구조

[그림 3-6] 삼중대역 LTCC 칩 안테나

안테나의 크기를 축소시키기 위하여 3개의 안테나 소자들은 미엔더 모노폴 형태로 적층된 형태로 설계되었으며 하나의 접지면 비아를 사용하여 이들 적층된 3개의 방사소자들을 직접 접속시켰다. 안테나들이 수직 방향으로 적층되면 이들 안테나 사이에 전자계들의 상호결합 작용이 발생되므로 안테나 설계 시에 이러한 영향을 최소화시키기 위한 고려가 필요하다. [그림 3-7]에 각각의 안테나의 공진주파수에서의 표면 전류 분포를 나타내었다. 각각의 안테나들은 GPS, PCS 및 위성 DMB 대역의 중심주파수 부근에서 개별 동작되고 있음을 확인할 수 있다.

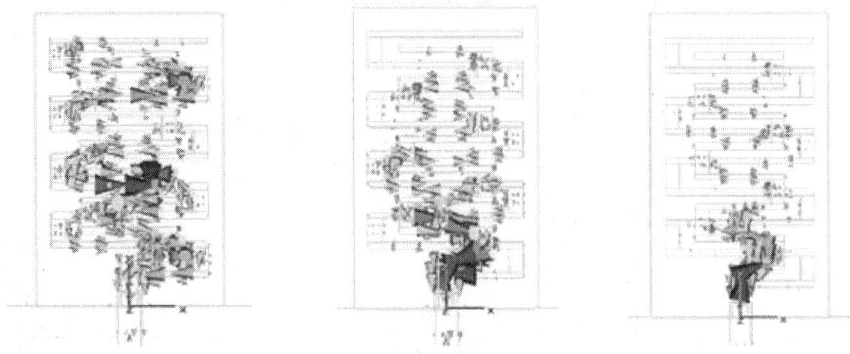

(a) 1.59 [GHz] (b) 1.86 [GHz] (c) 2.64 [GHz]

[그림 3-7] 표면전류 분포

[그림 3-8]에 제작된 안테나의 사진 및 측정된 반사손실 특성을 나타내었다.

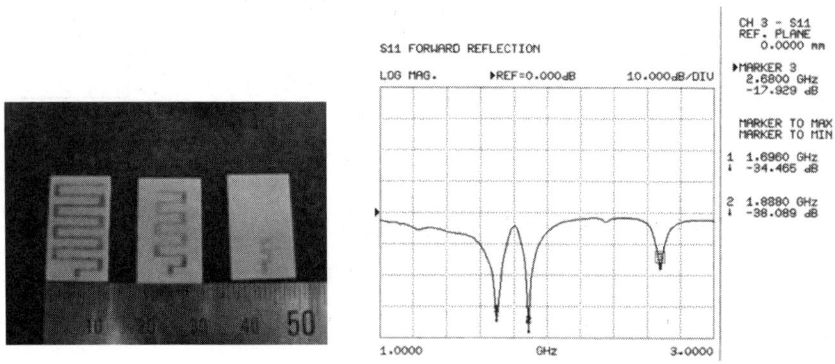

(a) 제작된 안테나 (b) 반사손실

[그림 3-8] 제작된 안테나의 사진 및 측정된 반사손실 특성

(2) 전자기적으로 결합시킨 구조

[그림 3-9]에 전자기적으로 결합시키는 구조를 사용한 RFID, PCS, WiBro 삼중대역 LTCC 칩 안테나의 구조를 나타내었다.

설계된 안테나는 비유전율이 7.8인 LTCC를 사용하여 2단의 적층구조로 되어 있으며 하단의 미엔더 모노폴의 끝단의 구조를 변형시켜 H-평면 상호결합 구조를 적용시켜 하나의 안테나로 각각 RFID, PCS 대역의 이중 공진특성을 나타내도록 하였으며, 이 안테나의 상층부에 또 다른 미엔더 모노폴안테나를 적층시켜 WiBro 대역에서 동작시켰다. 이러한 안테나의 구조는 비아를 사용함이 없이 전자기적인 결합구조를 적용하여 설계한 형태이다. 제작된 칩형 안테나의 크기는 10.9mm×22.3mm×0.98mm이다.

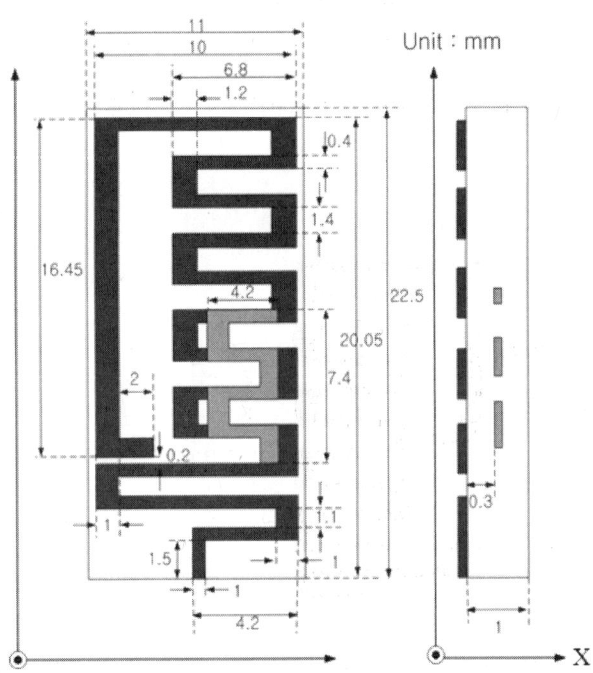

[그림 3-9] 전자기적 결합 방식을 사용한 삼중대역 LTCC 칩 안테나의 구조

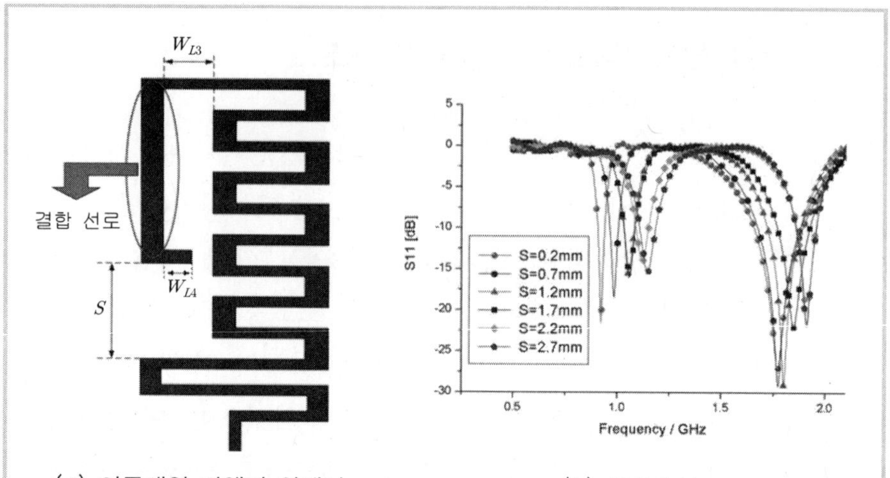

(a) 이중대역 미엔더 안테나 (b) 반사손실

[그림 3-10] 결합 선로의 간격 s에 따른 공진주파수의 변화

[그림 3-10]에 나타낸 바와 같이 단일 미엔더 모노폴안테나의 끝단을 연장시켜 결합 선로 형태로 설계하면 안테나는 이중 공진특성을 나타내며, 이 경우에 결합 선로 끝단과 미엔더 수평부와의 간격 S를 증가시켜 줄수록 안테나의 공진주파수는 하향되는 특성을 나타내게 된다.

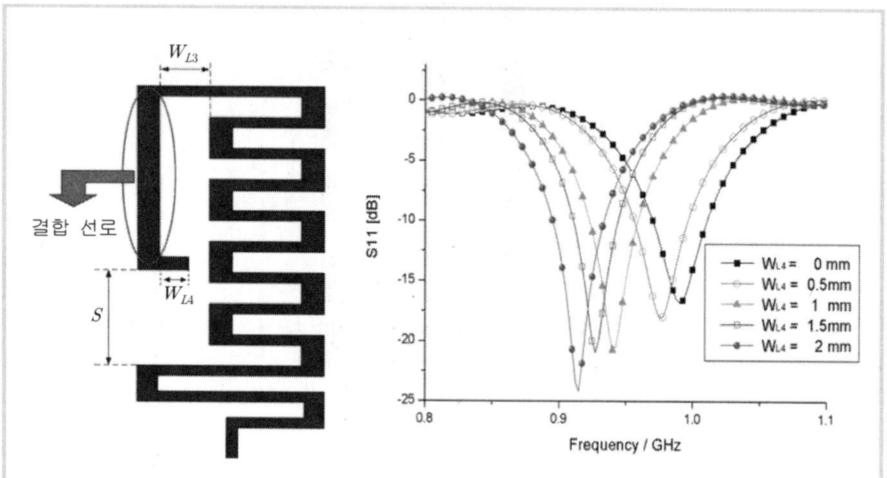

(a) 이중대역 미엔더 안테나 (b) 반사손실

[그림 3-11] 결합 선로의 끝단의 길이 W_{L4}에 따른 공진주파수의 변화

또한 [그림 3-11 (b)]에 나타낸 바와 같이 결합 선로 끝단의 수평부의 길이 W_{L4}의 길이를 증가시켜도 전체 안테나의 길이의 증가를 초래하므로 이중 공진안테나의 하한의 공진주파수는 하향되는 특성을 나타낸다.

[그림 3-12]에 제작된 안테나의 사진 및 측정된 반사손실 특성을 나타내었다.

[그림 3-13]에 측정된 안테나의 방사패턴을 나타내었다.

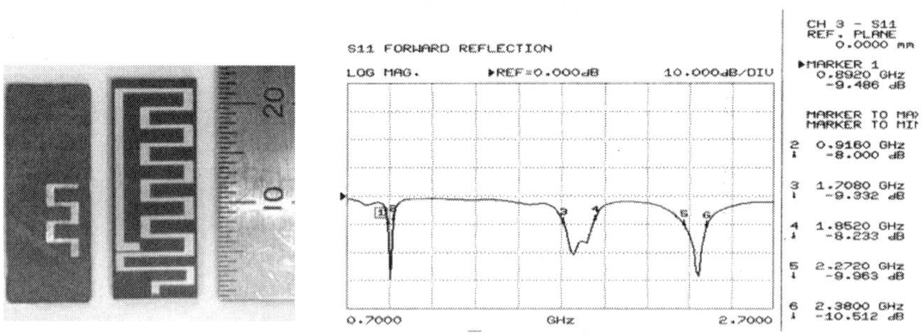

(a) 제작된 안테나 (b) 반사손실

[그림 3-12] 제작된 안테나의 사진 및 측정된 반사손실 특성

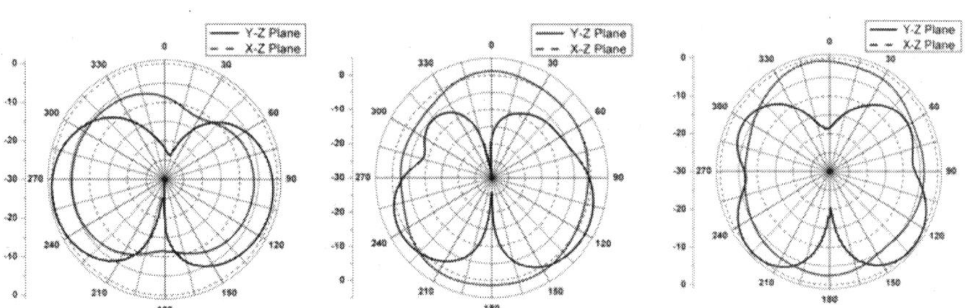

(a) 905[MHz] (b) 1.77[GHz] (c) 2.45[GHz]

[그림 3-13] 안테나 방사패턴

개별 안테나들의 직접 접속시키는 방법과 전자기적인 상호결합 방식을 혼합하여 다중대역 안테나를 설계할 수도 있으며 [그림 3-14]에는 이러한 혼합 방식을 적용시켜 설계된 5중대역 안테나의 구조를 나타내었다.

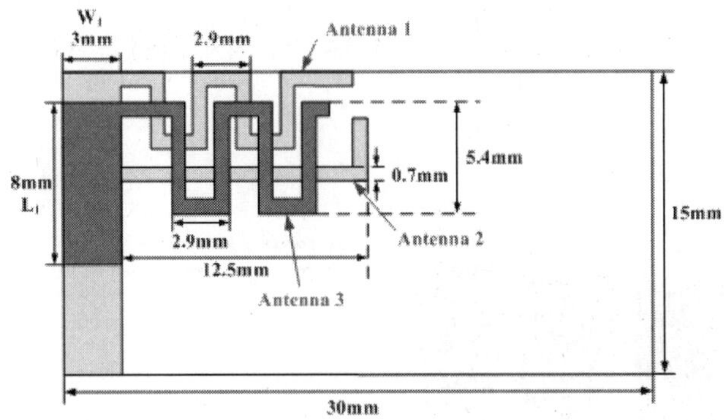

(a) 안테나 구조

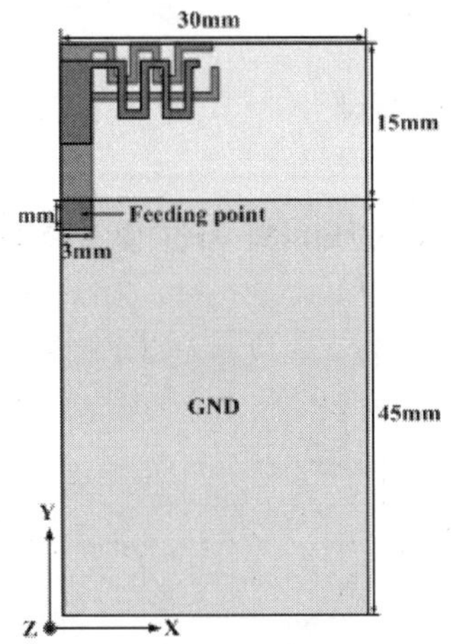

(b) 접지면 환경

(c) 단면도

[그림 3-14] 5중대역 안테나

[그림 3-14]는 DCS, PCS, WCDMA, WiBro, Bluetooth 대역에서 동작할 수 있는 5중대역 안테나의 구조이며, 30mm×45mm의 크기를 갖는 비유전율 4.4인 FR4 기판 위에 30mm×15mm×0.8mm 크기의 칩형 안테나를 설계한 예이다. 미엔더 모노폴 형태의 안테나 1은 DCS, PCS 대역에서 동작하며 모노폴 형태의 안테나 2는 WCDMA에서 동작되며 이들 두 안테나는 하나의 마이크로스트립 도체 상에 상호 직접 접속되어 있다. WiBro, Bluetooth 대역에서의 동작을 위하여 다른 하나의 미엔더 모노폴안테나는 이 안테나와 상호결합을 통하여 동작하도록 안테나 1, 2의 상부에 적층되어 있는 구조이다.

안테나의 설계변수 W_1, L_1의 크기를 변화시키면 [그림 3-15]에 나타낸 바와 같이 안테나의 공진주파수가 변화되는 것을 볼 수 있다.

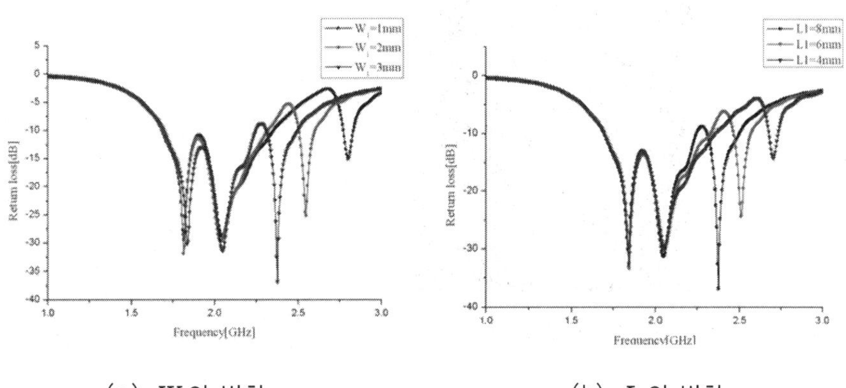

(a) W_1의 변화　　(b) L_1의 변화

[그림 3-15] W_1, L_1의 변화에 따른 안테나 공진주파수의 변화

$W_1 = 3$[mm], $L = 3$[mm]인 경우에 안테나의 반사손실 특성을 [그림 3-15]에 나타내었다. 설계된 안테나는 주파수 1710 [MHz]에서 220 [MHz] 사이의 제2대역 및 주파수 2300 [MHz]에서 2500 [MHz] 사이의 제2대역에 걸쳐서 동작될 수 있으므로 DCS, PCS, WCDMA, WiBro, Bluetooth의 서비스가 가능하다. 각각의 안테나의 동작 특성을 살펴보기 위하

여 이들 안테나의 각기 다른 주파수에서 안테나의 표면전류 분포를 [그림 3-16]에 나타내었고, [그림 3-17]에 제작된 안테나의 사진 및 측정된 방사패턴 특성을 나타내었다.

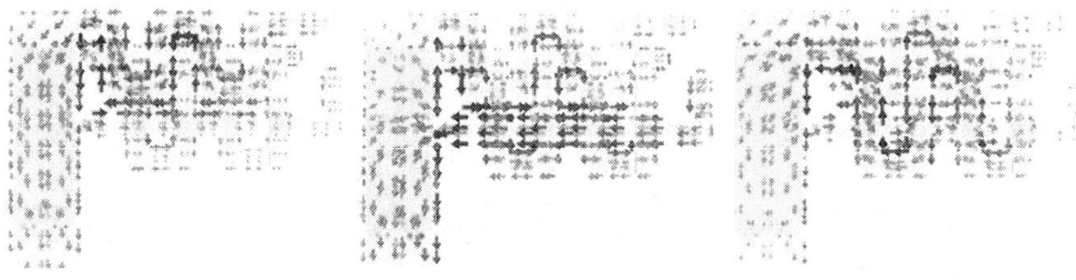

(a) 1835[MHz] (b) 2045[MHz] (c) 2375[MHz]

[그림 3-16] 안테나 표면전류 분포

(a) 안테나 사진

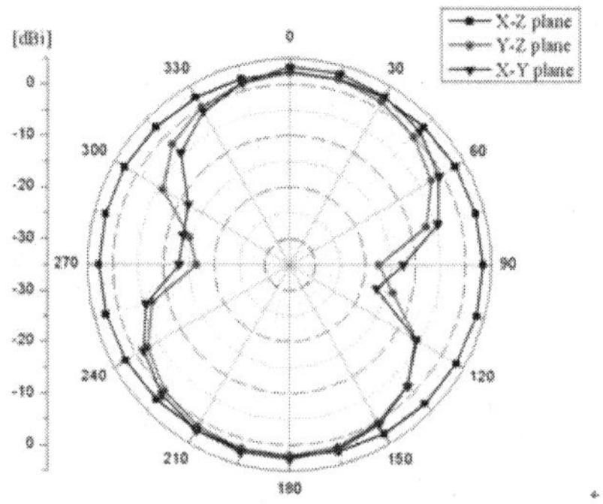

(b) 1920[MHz]

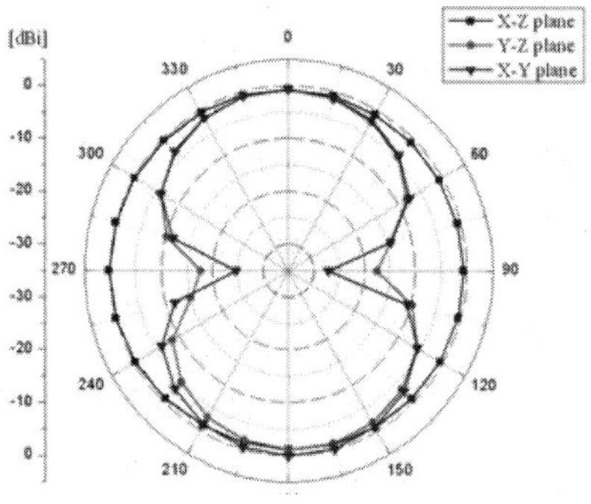

(c) 2180[MHz]

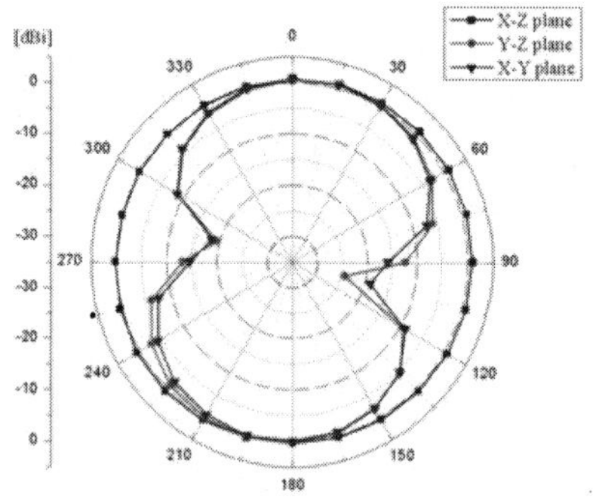

(d) 2400[MHz]

[그림 3-17] 제작된 안테나의 사진 및 측정된 방사패턴

(3) 접힌 방사소자 구조

최근 모바일 폰 및 스마트폰과 같은 다중대역 서비스가 가능한 모바일 기기 등에 적합한 안테나로서 세라믹 칩을 이용한 미엔더 형태의 안테나에 대한 연구가 주를 이루었으나 LTCC 등의 세라믹 칩은 제작비용이 고가이며 접지면 환경에 따른 영향이 크다는 단점이 있다.

최근 연구에서는 칩 크기의 소형화와 함께 접지면의 영향을 줄이는 것이 주요 관심사이며 이를 위하여 일반적으로 광대역 특성을 나타내 슬롯 방사구조의 안테나 구조가 주목되고 있다. 이 경우에 안테나의 크기는 슬롯의 길이와 구조에 관계가 있기 때문에 안테나의 크기를 소형화하고 대역폭을 증가시키기 위해 슬롯 안테나의 구조를 접은 3D 구조의 슬롯 안테나가 연구되었다.

[그림 3-18]에 접지면에 형성시킨 두 개의 모노폴 슬롯 구조를 갖는 안테나를 나타내었다.

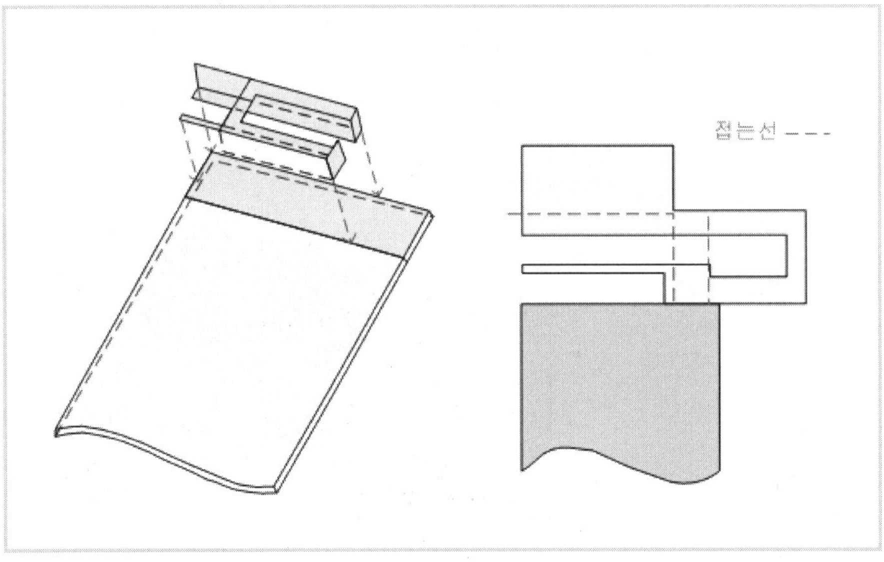

[그림 3-18] 접지면에 형성시킨 두 개의 모노폴 슬롯 구조를 갖는 안테나

[그림 3-18 (a)]는 이러한 모노폴을 주 접지면 상에 위치시키고 굽혀진 마이크로스트립 선로를 사용하여 마이크로스트립-슬롯 변환 방법으로 급전시켜 주면 이중 공진특성을 얻게 되며 상부 슬롯의 끝단에 위치시킨 임피던스 정합부에 의하여 효과적으로 안테나를 정합시킬 수 있으며 슬롯의 특성상 넓은 임피던스 대역폭을 확보할 수 있다. [그림 3-18 (a)]에서 점선 부분을 따라서 안테나를 접으면 [그림 3-18 (b)]와 같은 일종의 칩형 구조로 소형화시킬 수 있다.

[그림 3-19]는 이러한 구조를 응용하여 슬롯의 구조를 F자 형태의 패턴으로 구성하고 안테나의 끝단을 비아를 통해 시스템 회로 기판(30mm×60mm×0.8mm) 위에 칩형 형태의 안테나(10mm×20mm×1.27mm)로 접속시킨 구조이다. 칩 안테나가 받는 접지면의 영향을 고려하여 시스템 회로 기판의 일부분을 제거했다.

제안된 안테나는 마이크로스트립 선로와 접지면 슬롯 사이의 전이를 통해 여기되는 상호 급전점 위치에 따라 다수의 공진 점을 나타내도록 하여 DCS(Digital Cellular System), PCS(Personal Communication Service), UMTS(Universal Mobile Telecommunications System), WLAN (Wireless Local Area Network) 대역을 만족하도록 설계하였다.

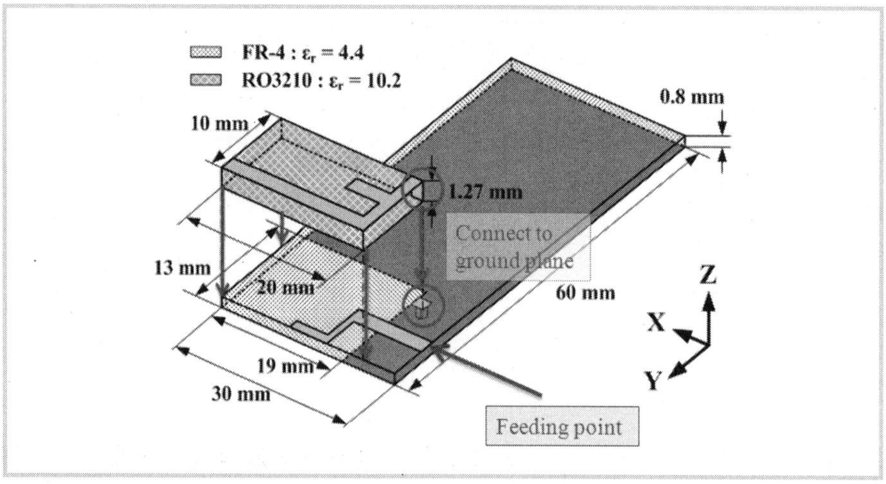

[그림 3-19] F자 형태의 패턴 슬롯의 구조를 갖는 안테나

안테나의 시스템 회로 기판은 비유전율이 4.4인 FR4 기판을 사용하였으며 칩 안테나는 안테나의 크기를 축소시키기 위하여 비유전율이 10.2인 기판 위에 설계되었다.

[그림 3-19]는 마이크로스트립 선로와 F자 형태의 슬롯 구조 사이의 전이 구조이다. 칩 안테나의 F형 패턴의 끝단은 1mm×1mm 크기의 금속 패드를 사용하여 시스템 회로 기판의 접지면과 비아로 연결시켰다. 이 경우 F자 형태의 개방형 슬롯은 구부러진 마이크로스트립 급전 전송선로에 의해서 전이가 일어나게 되고 전이되는 지역에 따라서 다중 접지면을 갖는 개방 슬롯 안테나 구조로 동작하게 된다.

[그림 3-20]은 접지면 개방 슬롯 구조에 통한 다중전류 경로를 나타낸 것이다. 제안된 안테나는 각 슬롯의 방사 위치에 따라 3가지의 공진점을 갖도록 설계되었다. 안테나의 동작 주파수 대역은 크게 하위 대역과 상위 대역으로 나눌 수 있는데 전류 경로 ① 및 ②는 안테나가 하위 대역에서 방사하도록 설계하였고 전류 경로 ③은 상위 대역에서 방사하도록 설계하였다.

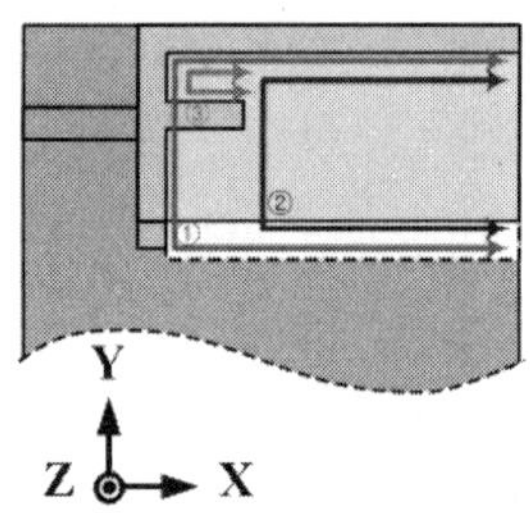

[그림 3-20] 접지면 개방 슬롯 구조에 의한 다중 전류 경로

[그림 3-21]에 제안된 안테나의 칩 안테나의 개방 슬롯 선로 길이 L 및 V, G값의 변화에 따른 반사손실의 변화를 나타내었다.

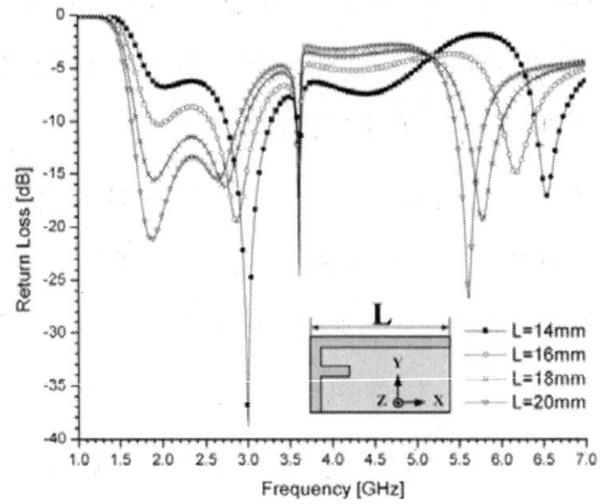

(a) 길이 L에 따른 반사손실의 변화

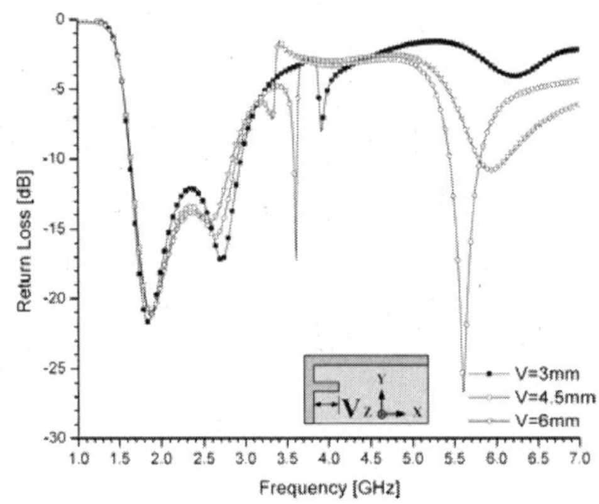

(b) 길이 V에 따른 반사손실의 변화

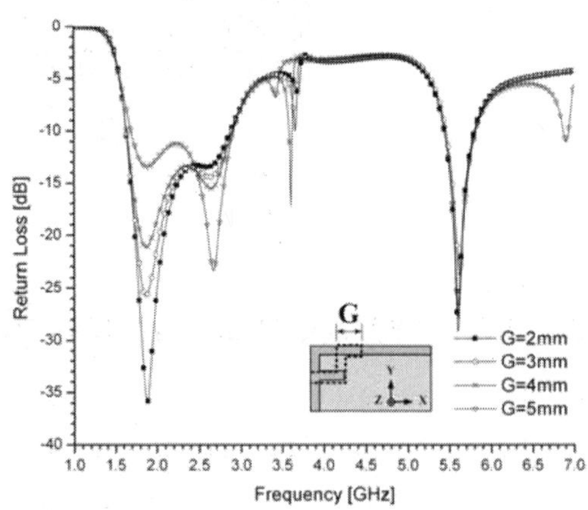

(c) 길이 G에 따른 반사손실의 변화

[그림 3-21] 변수 값에 따른 반사손실의 변화

[그림 3-21 (a)]에 나타낸 바와 같이 선로 길이 L은 중심 주파수인 1.87[GHz] 부근에서 영향이 큰 것을 알 수 있다. 이는 제안된 안테나가 선로 길이 L의 길이에 의존해서 개방 슬롯 구조로 동작하기 때문에 최대 길이가 20[mm]보다 작은 경우에는 중심 주파수 1.87[GHz]에서 공진하지 않게 된다.

[그림 3-21 (b)]에 나타낸 바와 같이 개방 슬롯 선로 길이 V는 중심 주파수 5.61[GHz]에서 공진하는 개방 슬롯 구조에 영향을 준다. V의 길이가 4.5[mm]보다 길거나 짧을 경우에는 중심 주파수 5.61[GHz]에서 공진이 일어나지 않는다. 또한 이 선로와 상호 급전하는 시스템 회로 기판의 급전선로의 상대적인 위치 변화도 큰 영향을 준다.

[그림 3-21 (c)]에 나타낸 점선은 시스템 보드 기판의 상단에 위치하여 칩 안테나와 커플링을 위한 급전구조이다. 여기서 G의 길이 변화는 1.87[GHz]와 2.63[GHz]의 공진주파수 매칭에 영향을 주지만 5.61[GHz]의 공진주파수에는 영향을 주지 않음을 알 수 있다. 이는 G의 길이의 후면 급전 선로와 상단 칩 안테나의 바깥쪽 선로와 커플링 양 변화로 인해 [그림 3-20]의 전류 경로 ①, ②에 큰 영향을 주지만 전류 경로 ③에는 큰 영향을 주지 않기 때문이다.

[그림 3-22]에 제작된 안테나의 사진과 모의실험 및 측정된 안테나 반사손실을 나타내었다.

최적화된 안테나 구조(L=20mm, V=4.5mm)에 대한 반사손실의 모의실험 결과 낮은 대역의 두 공진 중심 주파수는 각각 1.87[GHz], 2.63[GHz]로 나타났으며 높은 대역 공진주파수는 5.61[GHz]로 나타났다. 따라서 3:1 VSWR 임피던스 대역폭(≤−6dB)은 각각 1.56[GHz](1.58~3.14GHz)와 0.78[GHz](5.32~6GHz)로 나타났다.

한편 측정된 안테나 반사손실의 결과에서 임피던스 대역폭(≤−6dB)은 1.61~3.59[GHz]로 1.98[GHz]의 대역폭과 5.2~6[GHz]로 0.8[GHz]의 대역폭을 나타내었으나 결과적으로 DCS, PCS, UMTS, WLAN의 다중대역을 만족하였다.

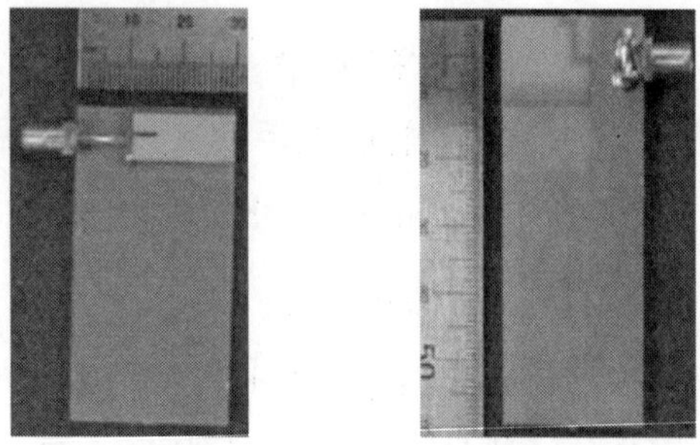

(a) 앞면 (b) 뒷면

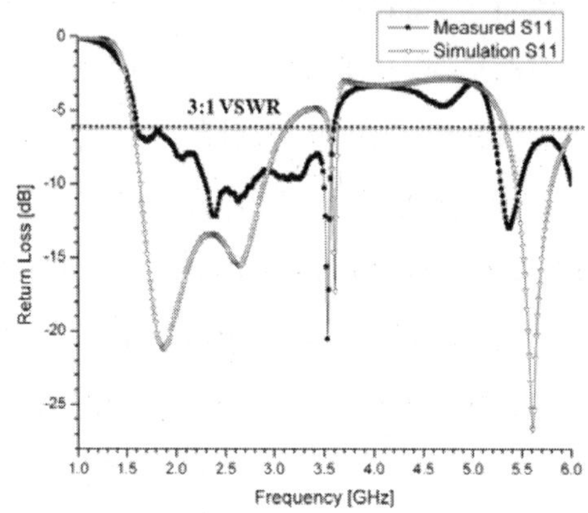

(c) 반사손실의 비교

[그림 3-22] 제작된 안테나 사진 및 반사손실

측정결과와 모의실험 결과는 정확하게 일치하지는 않았다. 이는 하단 스트립선로에서 상단 칩 슬롯 안테나로 커플링이 모의실험 결과보다 적기 때문에 임피던스 정합이 정확히 이루어지지 않은 것으로 판단된다.

[그림 3-23]에 제작된 안테나의 방사패턴을 나타내었다.

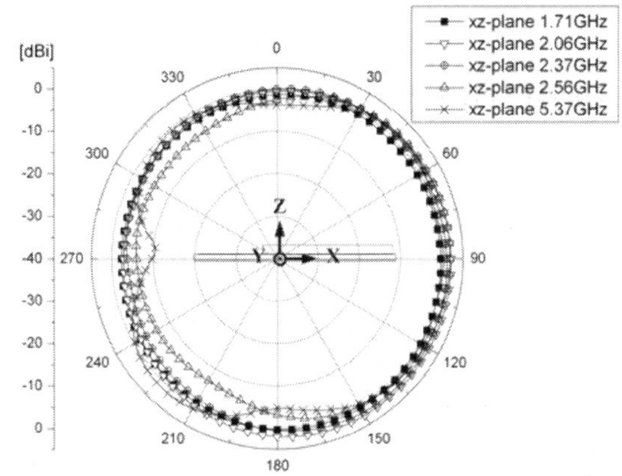

(a) x-z 평면

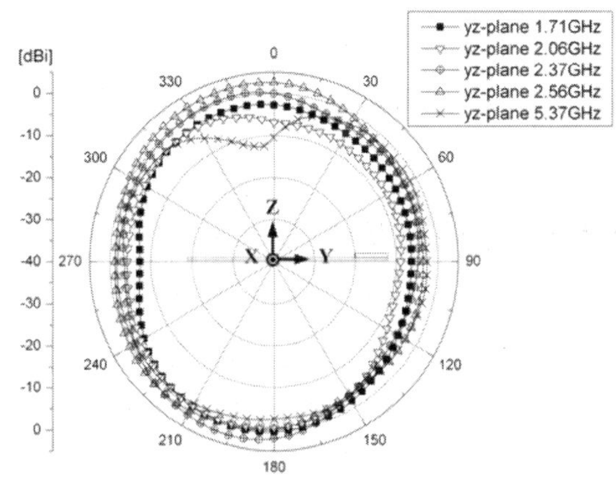

(b) y-z 평면

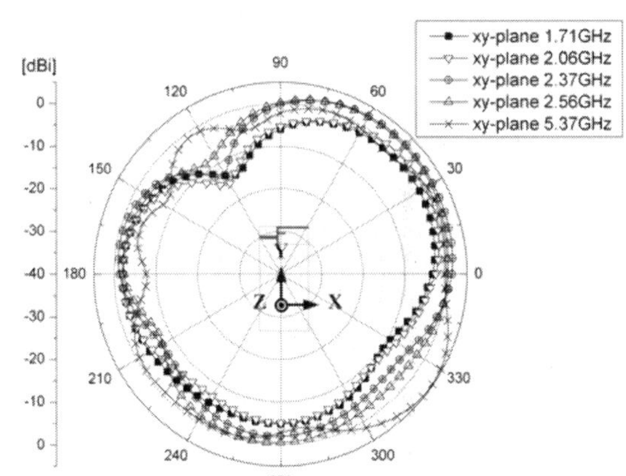

(c) x-y 평면

[그림 3-23] 제작된 안테나의 방사패턴

3.5 안테나의 하우징 효과

이동통신용 핸드셋 안테나는 안테나가 단독으로 있을 경우에 나타내는 전기적인 특성이 실제로 핸드셋 내부에 안테나가 실장되면 그 전기적인 성능의 변화가 발생하게 된다. 따라서 안테나 설계 시에는 이러한 안테나가 실제로 실장되는 환경을 고려한 최적의 구조로 설계하여야 한다. 이번 절에서는 비실장환경에서 최적화 설계한 안테나를 현재 상용화되고 있는 슬라이드 형태의 단말기 실장환경을 고려한 설계를 통하여 최적화 설계하는 과정을 안테나 설계 예를 통하여 파악한다.

(1) 3중 대역 칩 안테나의 설계

RFID/K-PCS/WiBro 삼중대역에서 동작하는 3중대역 LTCC 소형 칩 안테나를 구현하기 위한 마이크로스트립 급전구조를 [그림 3-24]에 나타내었다.

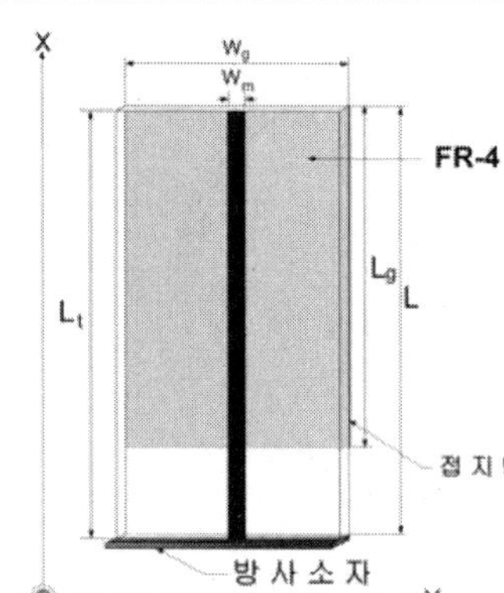

$L_t = 81.5mm$

$L = 80mm$

$L_g = 65mm$

$W_g = 40mm$

$W_m = 1.2mm$

[그림 3-24] 3중대역 칩 안테나의 급전구조

제안된 접지면 환경은 일반적인 이동통신 휴대 단말기에서 통상적으로 사용되는 크기를 고려하여 전체 크기가 40mm×80mm인 접지면을 FR-4($\epsilon_r = 4.4$ $t = 0.8$)를 사용하여 설계하였으며 칩 안테나 소자의 설계에는 LTCC($\epsilon_r = 8$)를 사용한다. 설계된 삼중대역 칩 안테나는 SAR (Specific Absorbtion Ratio) 영향을 개선하기 위하여 테스트 보드 하단부에 위치하였다.

[그림 3-25]에 제안된 3가지 타입의 LTCC 칩 안테나 구조를 나타내었다. 타입 1 안테나는 마이크로스트립 급전선로에서 급전용 패드에서 패치 1과 패치 2로 경로가 나누어진다. 패치 1은 WiBro 대역에서 동작하도록 설계하였으며 패치 2는 모바일 RFID 대역에서 동작하도록 반지름이 0.12[mm]인 비아1과 비아2로 연결하였다. 또한 RFID 대역을 형성하는 경로에서 고차 모드를 이용하여 K-PCS 대역을 형성하도록 설계하였다. 패치 1은 2350[MHz] 대역에서 동작하도록 설계하였다.

타입 2 안테나는 급전된 패드에서 1개의 비아가 패치 3(최하단)의 중앙에 연결되었으며 패치 3의 양쪽 끝에 각각의 비아를 통하여 패치 1(최상단)과 패치 2(중앙)가 연결된 구조이다. 급전 패드에서 비아가 연결된 패치 3에서 K-PCS 대역을 형성하도록 설계하였고, 패치 3에서 패치 1로 연결된 최장 경로로 모바일 RFID 대역에서 공진하도록 설계하였으며 패치 3에서 패치 2로 연결된 경로로 WiBro 대역에서 공진하도록 설계하였다. 이때 패치 1과 패치 2 사이의 커플링이 강할 경우 FR(Frequency Ratio) 조정이 어렵고 임피던스 대역폭 내의 반사계수 특성을 열화시킨다.

타입 3 안테나는 마이크로스트립 급전선로에서 급전되는 패드를 타입 1과 타입 2와는 달리 WiBro 대역에서 공진하도록 설계하였다.

급전 패드에서 비아로 연결된 패치 1의 경로를 통해 모바일 RFID 대역에서 공진하도록 하였고, 패치 1과 전자기적으로 결합된 패치 2에서 K-PCS 대역을 형성하도록 설계하였다.

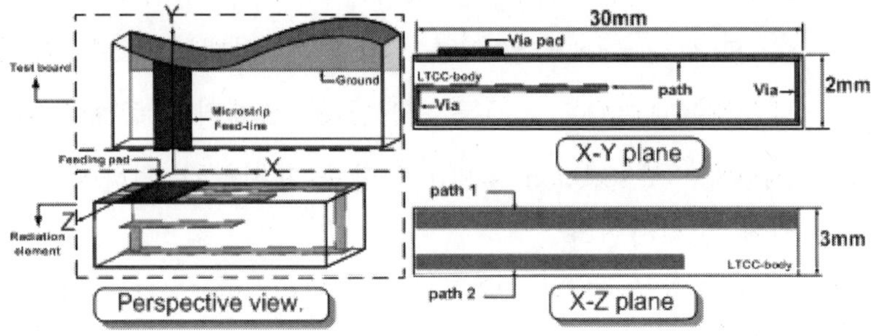

(a) 타입 1

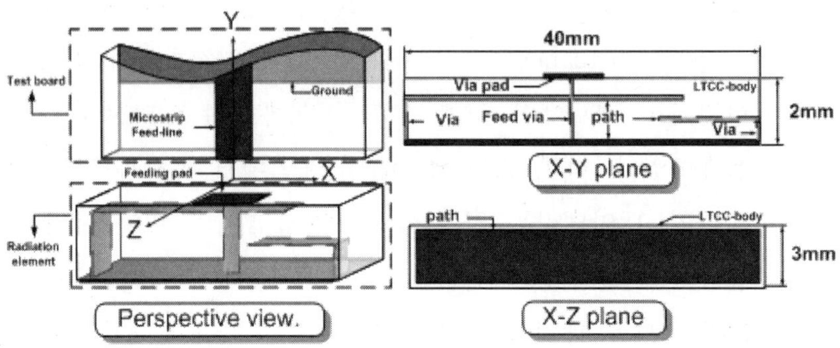

(b) 타입 2

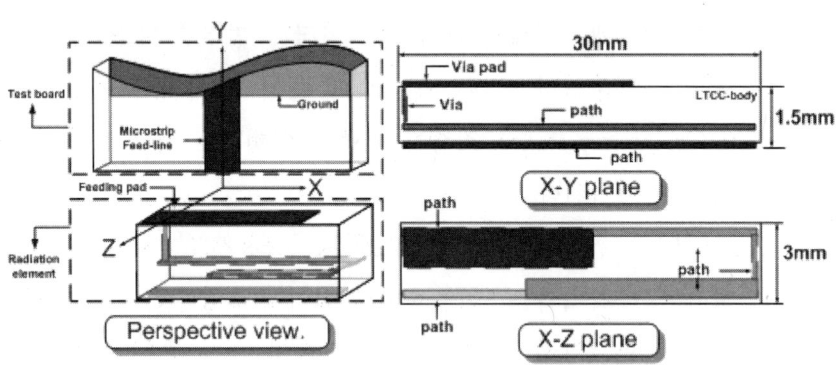

(c) 타입 3

[그림 3-25] 제안된 안테나의 구조

[그림 3-26]에 설계된 타입 1, 타입 2, 타입 3 안테나의 반사손실을 나타내었다.

2개 또는 3개의 비아를 사용하여 설계한 타입 1 및 타입 2 적층구조의 안테나 설계에서는 패치 상호간의 커플링과 FR(Frequency Ratio) 조정이 어려워 모바일 RFID 대역과 WiBro 대역에서 임피던스 대역폭을 충분히 확보하지 못하였으나, 1개의 비아를 사용하고 전자기적인 결합을 통하여 설계한 타입 3 안테나는 모바일 RFID(900[MHz]), K-PCS, WiBro 시스템이 요구하는 임피던스 대역폭을 만족하였다.

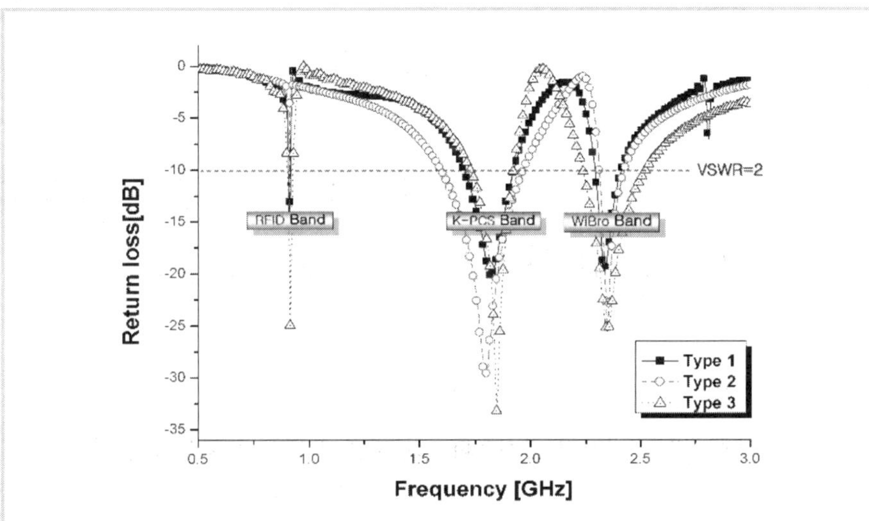

[그림 3-26] 설계된 타입 1, 타입 2, 타입 3 안테나의 반사손실

타입 3 안테나는 0.917[GHz], 1.849[GHz], 2.347[GHz]에서 삼중 공진 특성을 나타내고 있으며 각각의 공진주파수에서 임피던스 대역폭은 24[MHz](903～927), 200[MHz](1723～1923), 287[MHz](2233～2520)이었다.

[그림 3-27]에 타입 3 안테나에 대한 표면전류 분포를 나타내었다.

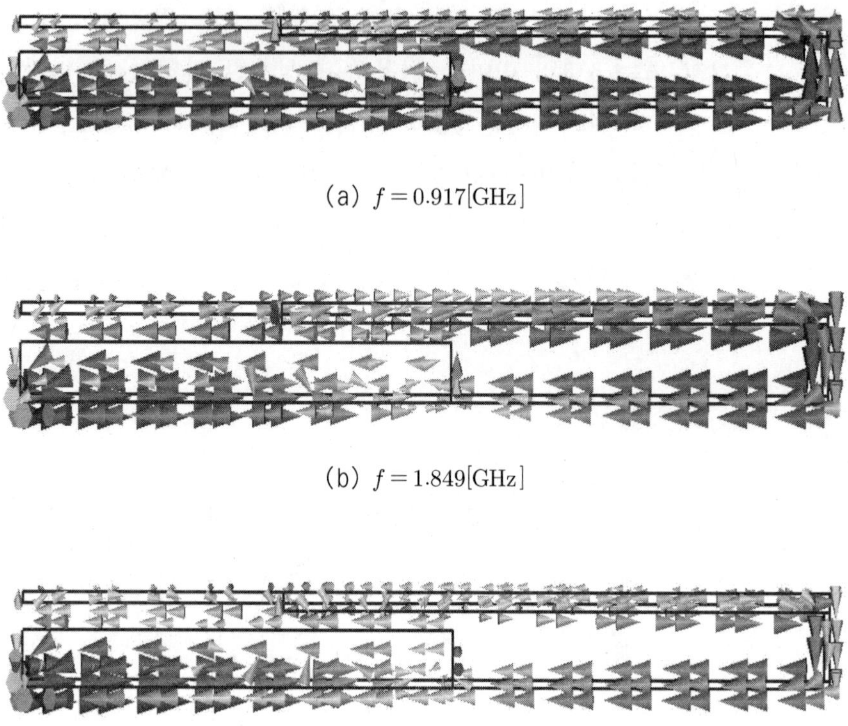

(a) $f = 0.917$[GHz]

(b) $f = 1.849$[GHz]

(c) $f = 2.347$[GHz]

[그림 3-27] 각각의 공진주파수에 따른 표면전류 분포(타입 3)

주파수 0.917[GHz]에서 전류분포는 급전패드에서 패치 1로 비아를 통해 최장 실효전류 경로를 확보하여 모바일 RFID 대역에서 동작하며, 주파수 1.849[GHz]에서 전류분포는 패드와 패치 1의 공간 사이에서 전류가 집중되고 중앙의 급전 패드가 끝나는 부분에서 고차 모드가 발생함으로써 K-PCS 대역이 형성된다. 또한 패드와 패치 1 사이의 전자기적 결합으로 인해 WiBro 대역은 광대역 특성을 나타내므로 주파수 2.347[GHz]에서 전류분포는 급전 패드에서 비아로 연결된 경로에서 전류가 집중되는 것을 알 수 있다.

[그림 3-28]에 각각의 안테나에 대한 방사패턴을 나타내었다.

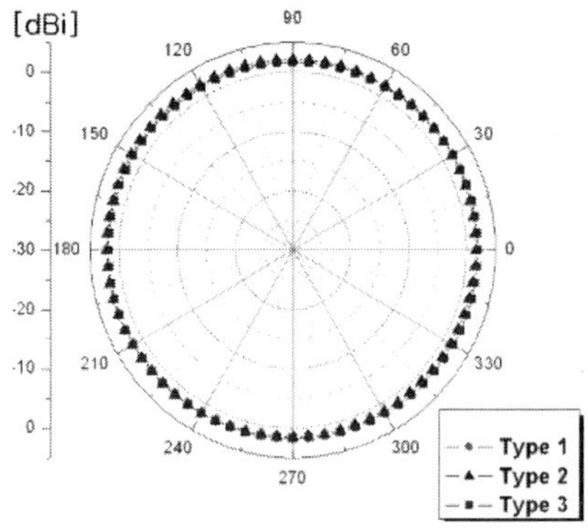

(a) X-Z 평면($f=0.9\,\mathrm{GHz}$)

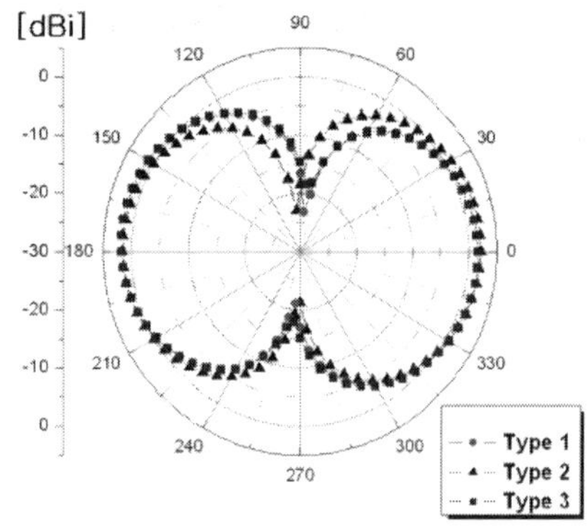

(b) Y-Z 평면($f=0.9\,\mathrm{GHz}$)

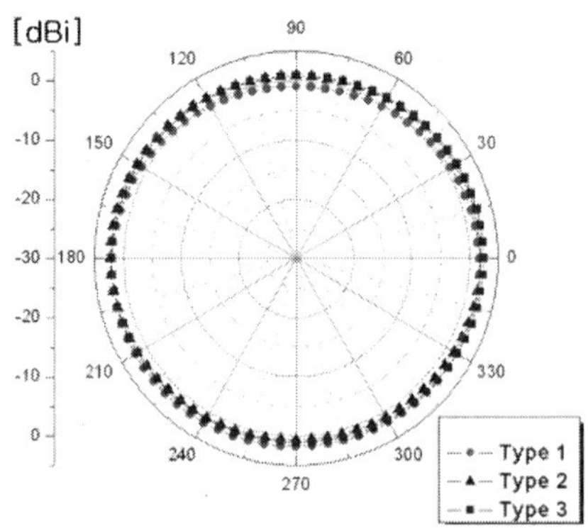

(c) X-Z 평면($f=1.8\,\mathrm{GHz}$)

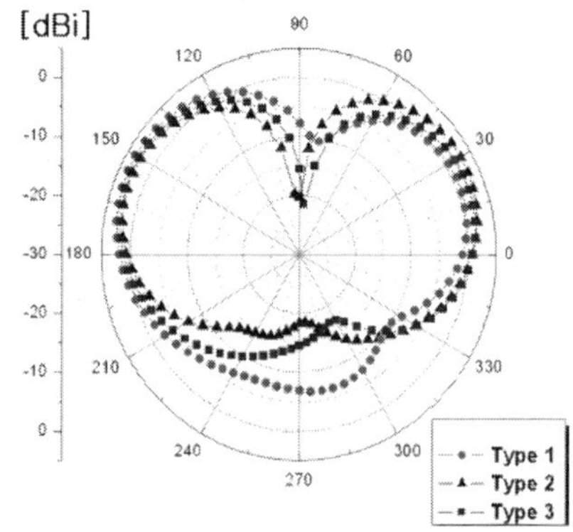

(d) Y-Z 평면($f=1.8\,\mathrm{GHz}$)

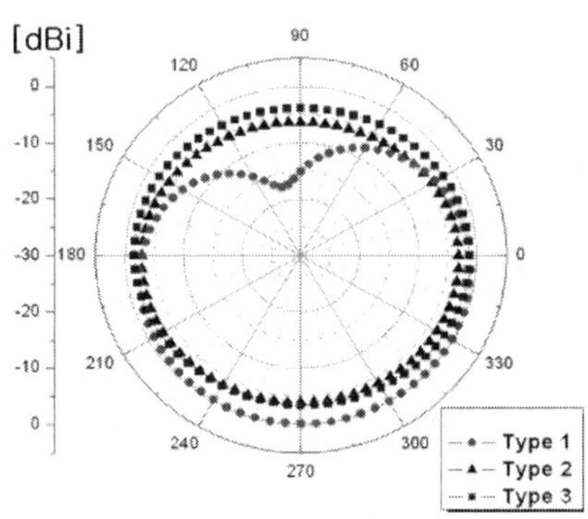

(e) X-Z 평면($f=2.35\,\mathrm{GHz}$)

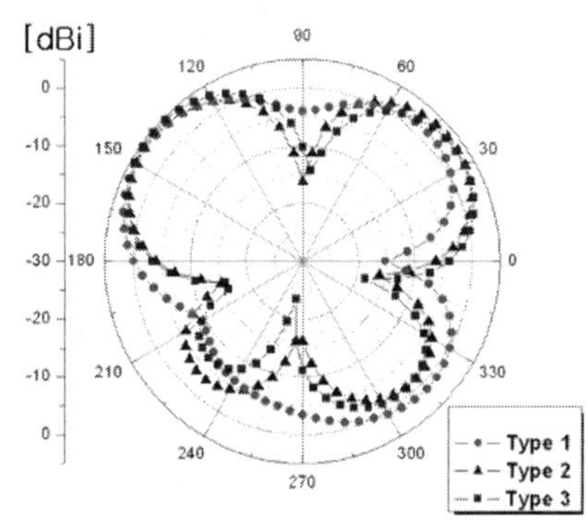

(f) Y-Z 평면($f=2.35\,\mathrm{GHz}$)

[그림 3-28] 타입 1, 타입 2, 타입 3 안테나의 방사패턴 비교

(2) 핸드셋 실장 환경

실제 단말기와 유사한 환경을 만들어 타입 3안테나가 실장된 단말기 내에서 안테나의 실장 위치에 따른 특성의 변화를 파악하고 실장 환경을 고려한 삼중대역 칩 안테나를 최적화 설계하도록 한다. 슬라이드 폰 형태로 설계한 하우징의 구조를 [그림 3-29]에 나타내었다.

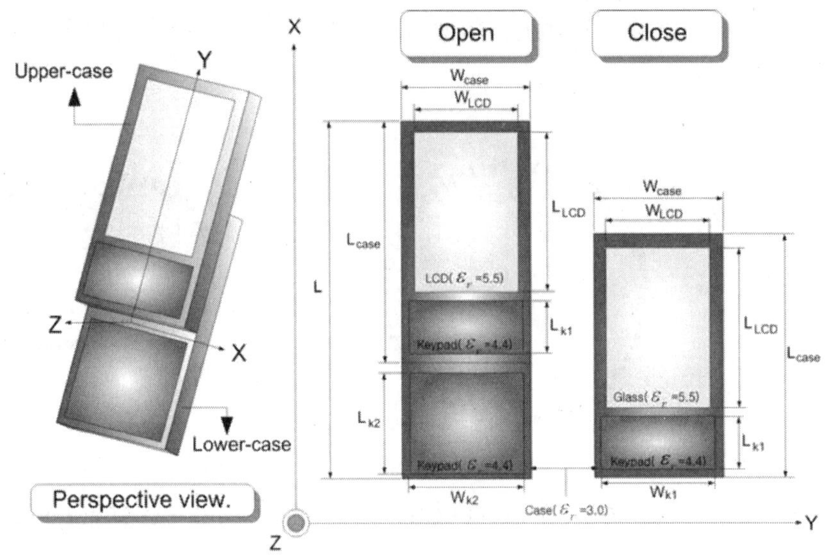

$L = 135mm, W_{CASE} = 50mm, L_{CASE} = 90mm, W_{LCD} = 40mm, L_{LCD} = 60mm$
$W_{K1} = 44mm, L_{K1} = 20mm, W_{K2} = 44mm, L_{K2} = 38mm$

(a) X-Y 평면

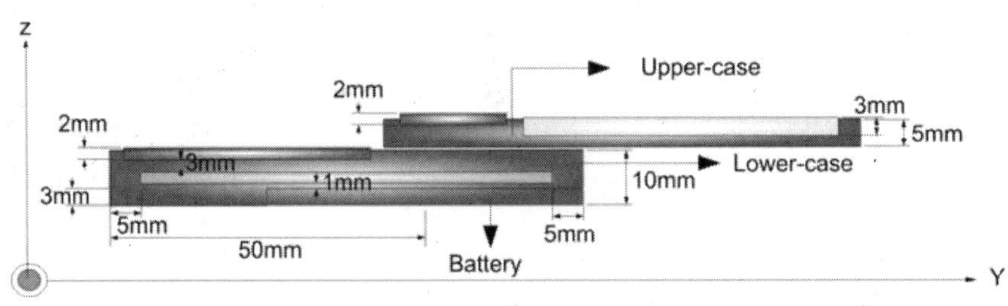

(b) Y-Z 평면

[그림 3-29] 설계된 하우징 구조

LCD(Liquid Crystal Display)가 장착된 케이스를 Upper-Case라 정의하고, 배터리가 장착된 케이스를 Lower-Case라 정의하였다. Upper-Case의 전체 크기는 50mm×9mm이고, 높이는 5[mm]이다. Lower-Case의 전체 크기는 50mm×90mm이고, 높이는 10[mm]이다. 설계된 하우징이 닫힌 상태일 때 크기가 50mm×90mm이고, 높이는 15[mm]이다. 열린 상태일 때 크기는 50mm×135mm이고, 높이는 15[mm]이며 케이스의 비유전율(ϵ_r) 값은 3.0으로 모델링하였다.

Upper-Case에 장착된 LCD의 크기는 40mm×60mm이고, 높이는 3[mm]이며 LCD의 비유전율(ϵ_r) 값은 5.5로 모델링하였다. Upper-Case에 장착된 키패드의 크기는 44mm×20mm이고, 높이는 2[mm]이며 키패드의 비유전율(ϵ_r) 값은 4.4로 모델링하였다.

Lower-Case에 장착된 키패드의 크기는 44mm×38mm이고, 높이는 2[mm]이다. 안테나의 전기적인 특성을 비교하기 위해 타입 3 안테나를 Lower-Case의 Y축 방향으로 상단의 끝에서 5[mm] 하단의 끝에서 5[mm]를 이격시켰고 Lower-Case의 X축 방향으로 키패드에서 아래쪽으로 3[mm] 배터리에서 위쪽으로 1[mm] 이격되어져 놓이도록 하였다. 타입 3 안테나를 Lower-Case Y축 상단(점선 부분)에 실장하고 상단의 케이스가 닫힌 상태와 열린 상태에서의 반사손실을 [그림 3-30]에 나타내었다.

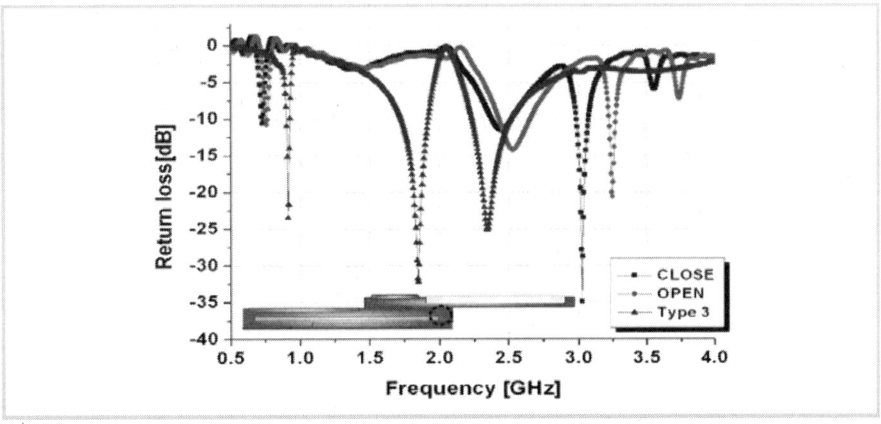

[그림 3-30] Lower-Case Y축 상단 실장에 따른 반사손실 비교

상단의 케이스가 닫힌 상태에서도 안테나는 3중 공진의 특성을 나타내고 있으나 안테나를 케이스 내에 실장시키지 않은 경우와 비교하면, 첫 번째 공진주파수는 모바일 RFID 대역의 공진주파수보다 약 180[MHz] 정도 하향되는 특성을 보였고, 두 번째 공진주파수는 K-PCS 대역 공진주파수보다 약 600[MHz] 정도 상향되었으며, 세 번째 공진주파수는 WiBro 대역 공진주파수보다 650[MHz] 상향되는 특성을 나타내었다.

또한 상단의 케이스가 열린 상태의 경우에는, 첫 번째 공진주파수는 모바일 RFID 대역의 공진주파수보다 약 150[MHz] 정도 하향되는 특성을 보이고, 두 번째 공진주파수는 K-PCS 대역 공진주파수보다 약 700[MHz] 정도 상향되었으며 세 번째 공진주파수는 WiBro 대역 공진주파수보다 900[MHz] 상향되는 특성을 나타내었다.

[그림 3-31]에 타입 3 안테나를 Lower-Case Y축 상단에 실장하였을 경우에 안테나가 케이스 닫힌 상태와 열린 상태에서의 방사패턴을 비교하였다. 닫힌 상태와 열린 상태에서의 안테나는 거의 비슷한 방사패턴을 나타내고 있음을 볼 수 있다. 주파수 900[MHz]에서 X-Z 평면 방사패턴은 등방성 패턴을 나타내고 있으며, Y-Z 평면상의 패턴은 일반적인 다이폴 패턴과 유사하다.

그러나 1.8[GHz]와 2.35[GHz]에서 X-Z 평면 방사패턴은 주 빔의 방향이 180° 방향으로 지향 특성을 나타내고 있는 것을 볼 수 있는데 이것은 전류가 유기된 배터리 케이스가 방사체로 동작하면서 패턴이 왜곡됨을 알 수 있다. 또한 Y-Z 평면상의 패턴에서 전체적인 방향이 Y축 하단에 그라운드가 위치함으로써 하향되는 특성을 나타내었다.

〈표 3-1〉, 〈표 3-2〉, 〈표 3-3〉에 Lower-Case Y축 상단 실장에 따른 RFID/K-PCS/WiBro 삼중대역에서 각각의 안테나에 대한 특성을 나타내었다.

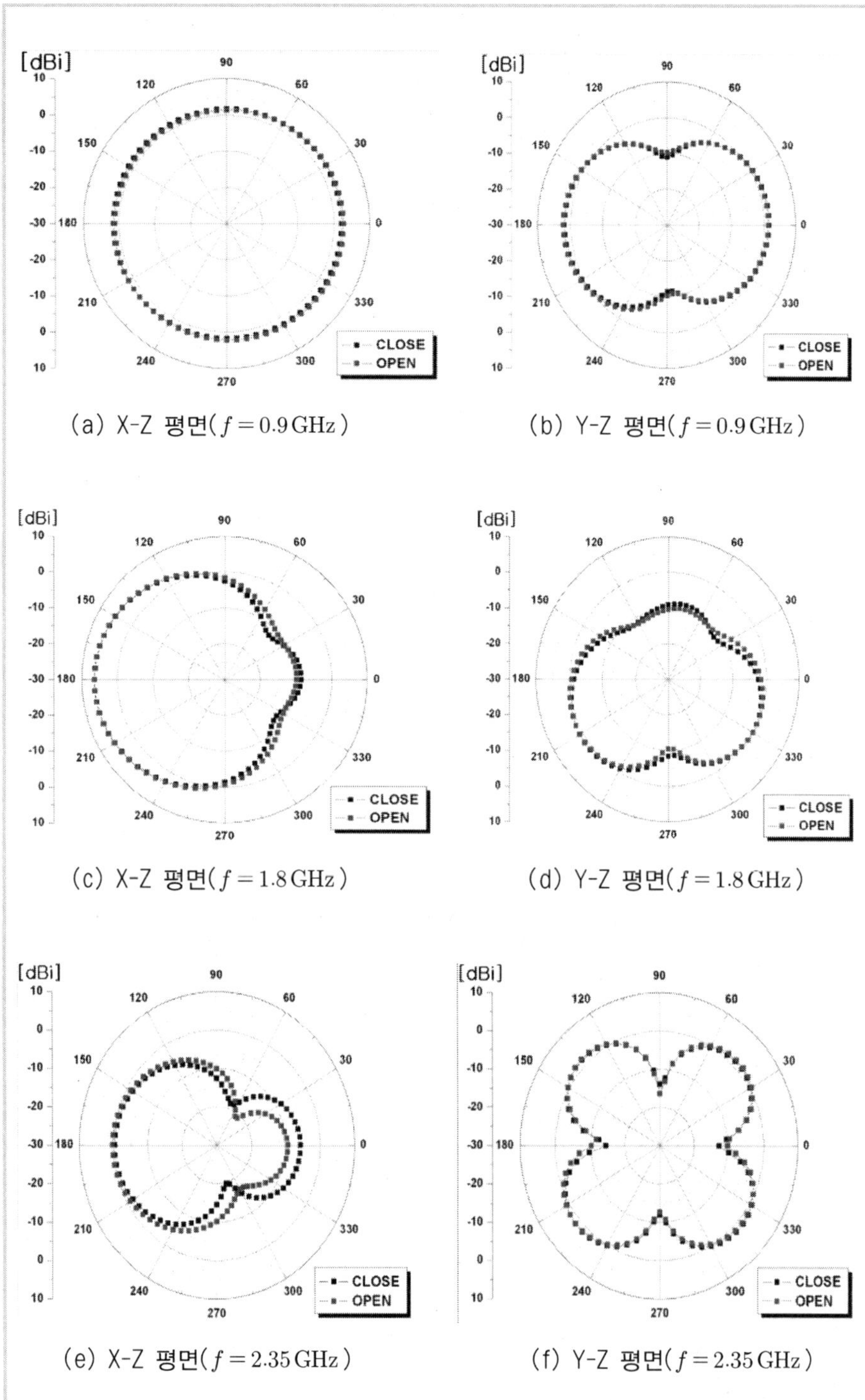

(a) X-Z 평면($f=0.9\,\mathrm{GHz}$)

(b) Y-Z 평면($f=0.9\,\mathrm{GHz}$)

(c) X-Z 평면($f=1.8\,\mathrm{GHz}$)

(d) Y-Z 평면($f=1.8\,\mathrm{GHz}$)

(e) X-Z 평면($f=2.35\,\mathrm{GHz}$)

(f) Y-Z 평면($f=2.35\,\mathrm{GHz}$)

[그림 3-31] Lower-Case Y축 상단 실장에 따른 방사패턴 비교

<표 3-1> Lower-Case Y축 상단 실장에 따른 특성 비교(모바일 RFID)

항목 \ 종류	타입 3	닫힌 상태	열린 상태
설계주파수(MHz)	903～927	726～736	755～765
f_0(MHz)	917	732	766
대역폭(MHz) <VSWR ≤ 2>	24	10	10
이득(dBi)	−1.61	2.16	2.75

<표 3-2> Lower-Case Y축 상단 실장에 따른 특성 비교(K-PCS)

항목 \ 종류	타입 3	닫힌 상태	열린 상태
설계주파수(MHz)	1723～1923	2377～2526	2432～2659
f_0(MHz)	1849	2445	2540
대역폭(MHz) <VSWR ≤ 2>	200	149	227
이득(dBi)	2.44	6.92	6.82

<표 3-3> Lower-Case Y축 상단 실장에 따른 특성 비교(WiBro)

항목 \ 종류	타입 3	닫힌 상태	열린 상태
설계주파수(MHz)	2233～2520	2983～3072	3223～3273
f_0(MHz)	2347	3025	3258
대역폭(MHz) <VSWR ≤ 2>	287	89	50
이득(dBi)	3.68	4.62	4.24

[그림 3-32]에 타입 3 안테나를 Lower-Case Y축 하단(점선 부분)에 실장하고 닫힌 상태와 열린 상태의 반사손실을 비교하였다.

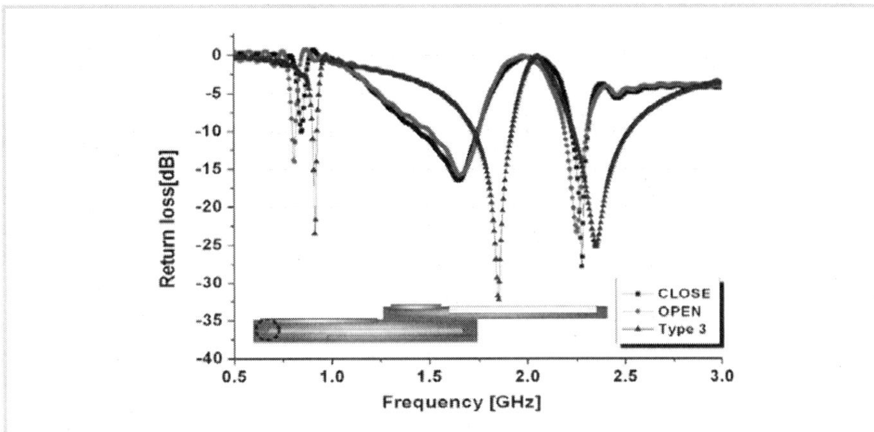

[그림 3-32] Lower-Case Y축 하단 실장에 따른 반사손실 비교

상단의 케이스가 닫힌 상태에서도 안테나는 3중 공진의 특성을 나타내고 있으나 안테나를 케이스 내에 실장시키지 않은 경우와 비교하면, 첫 번째 공진주파수는 모바일 RFID 대역의 공진주파수보다 약 60[MHz] 정도 낮아지는 특성을 나타내었고, 두 번째 공진주파수는 K-PCS 대역 공진주파수보다 약 190[MHz] 정도 하향되었으며 세 번째 공진주파수는 WiBro 대역 공진주파수보다 80[MHz] 하향되는 특성을 나타내었다.

또한 상단의 케이스가 열린 상태의 경우에는 3중 공진의 특성을 보이고 있으나 첫 번째 공진주파수는 모바일 RFID 대역의 공진주파수보다 약 100[MHz] 정도 하향되는 특성을 나타내었고, 두 번째 공진주파수는 K-PCS 대역 공진주파수보다 약 200[MHz] 정도 하향되었으며, 세 번째 공진주파수는 WiBro 대역 공진주파수보다 약 100[MHz] 정도 하향되는 특성을 나타내었다.

[그림 3-30]과 비교해 보면 안테나의 하단에 위치했을 경우에 비하여 상단에 위치했을 경우에 특성의 변화가 커짐을 알 수 있다. 이것은 배터리의 실장 관점에서 봤을 때 더욱 더 확실하게 알 수 있다. 하단에 실장되었을 경우에 그라운드와 배터리가 동시에 접지면 역할을 함으로써 공진특성은 크게 변하지 않고 전체적인 공진주파수가 하향되는 특성을 보인다.

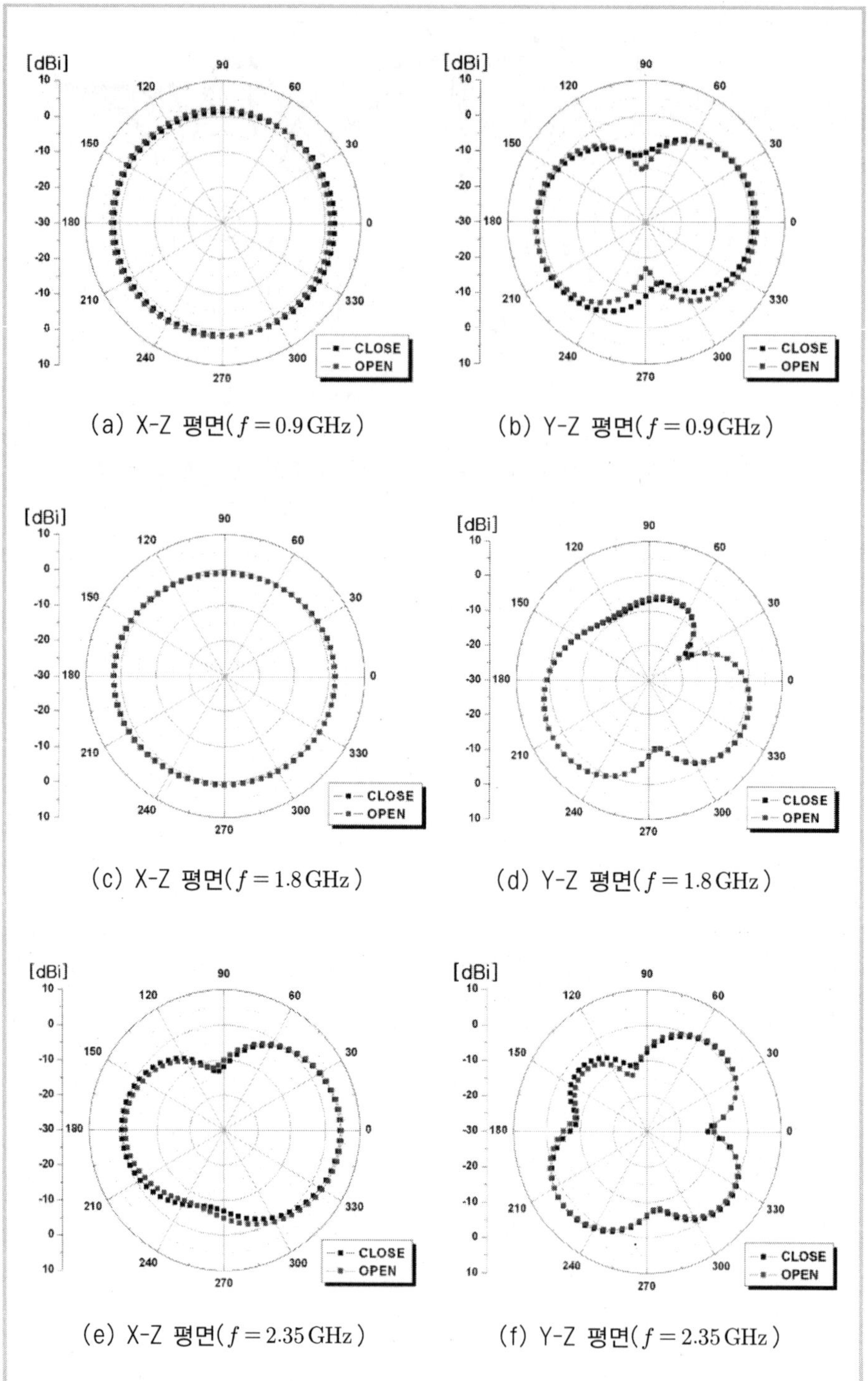

(a) X-Z 평면($f = 0.9\,\text{GHz}$)

(b) Y-Z 평면($f = 0.9\,\text{GHz}$)

(c) X-Z 평면($f = 1.8\,\text{GHz}$)

(d) Y-Z 평면($f = 1.8\,\text{GHz}$)

(e) X-Z 평면($f = 2.35\,\text{GHz}$)

(f) Y-Z 평면($f = 2.35\,\text{GHz}$)

[그림 3-33] Lower-Case Y축 하단 실장에 따른 방사패턴 비교

[그림 3-33]에 타입 3 안테나를 Lower-Case Y축 하단에 실장하였을 경우에 안테나가 케이스 닫힌 상태와 열린 상태에서의 방사패턴을 비교하였다.

케이스가 닫힌 상태와 열린 상태에서의 안테나의 방사패턴은 각각의 주파수에서 거의 유사한 방사패턴을 보이고 있음을 알 수 있다. 닫힌 상태와 열린 상태에서의 안테나는 거의 비슷한 방사패턴을 나타내고 있음을 볼 수 있다. 주파수 900[MHz]와 1.8[GHz]에서 X-Z 평면 방사패턴은 등방성 패턴을 나타내고 있다.

그러나 2.35[GHz]에서 X-Z 평면 방사패턴은 주 빔의 방향이 110° 방향으로 이득의 저하를 나타내고 있다. Y-Z 평면상의 패턴은 900[MHz]에서는 일반적인 다이폴 패턴과 유사하지만, 1.8[GHz]와 2.35[GHz]에서는 이득이 저하되는 특성을 나타내었다.

〈표 3-4〉, 〈표 3-5〉, 〈표 3-6〉에 Lower-Case Y축 하단 실장에 따른 각각의 주파수 대역에서의 안테나의 특성을 비교하였다.

<표 3-4> Lower-Case Y축 하단 실장에 따른 특성 비교(모바일 RFID)

항목 \ 종류	타입 3	닫힌 상태	열린 상태
설계주파수(MHz)	903～927	846～847	800～817
f_0(MHz)	917	850	810
대역폭(MHz) <VSWR ≤ 2>	24	1	17
이득(dBi)	−1.61	2.70	2.56

<표 3-5> Lower-Case Y축 하단 실장에 따른 특성 비교(K-PCS)

종류 항목	타입 3	닫힌 상태	열린 상태
설계주파수(MHz)	1723～1923	1448～1749	1505～1754
f_0(MHz)	1849	1656	1657
대역폭(MHz) <VSWR ≤ 2>	200	301	249
이득(dBi)	2.44	3.89	3.91

<표 3-6> Lower-Case Y축 하단 실장에 따른 특성 비교(WiBro)

종류 항목	타입 3	닫힌 상태	열린 상태
설계주파수(MHz)	2233～2520	2227～2309	2191～2304
f_0(MHz)	2347	2280	2249
대역폭(MHz) <VSWR ≤ 2>	287	82	113
이득(dBi)	3.68	5.80	6.19

(3) 핸드셋 실장 환경을 고려한 최적화

타입 3 안테나가 실장된 단말기 내에서 안테나의 실장 위치에 따른 특성들을 비교하였다. 비교된 특성들을 토대로 하여 안테나를 실장한 상태에서 삼중대역 칩 안테나를 최적화하였다. [그림 3-34]에 단말기 실장환경에서 최적화된 모바일 RFID, K-PCS, WiBro 대역을 만족하는 Lower-Case Y축 하단에 실장된 삼중대역 칩 안테나의 구조를 나타내었다. LTCC(Low Temperature Co-firing Ceramic) 공정 기술의 장점을 살리기 위해 Y축 높이로 Layer1과 Layer2를 1[mm] 간격으로 적층한 구조로 설계되었다.

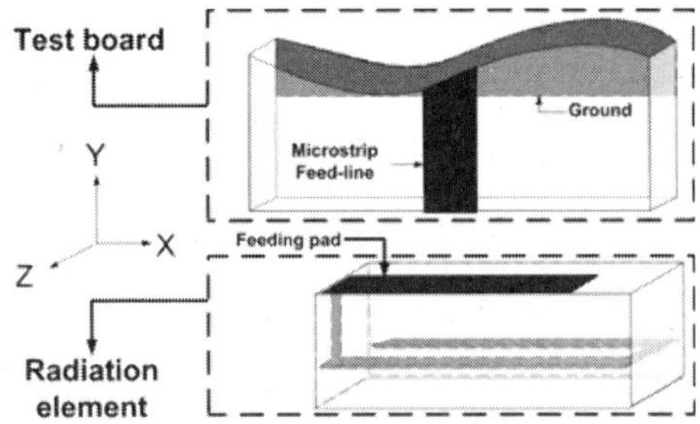

(a) 3차원 구조

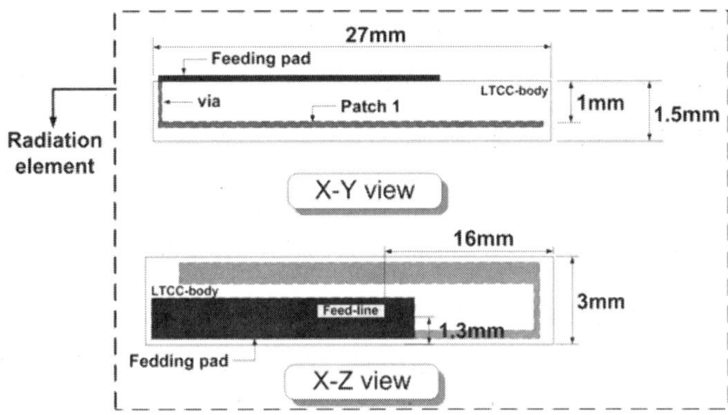

(b) 2차원 구조

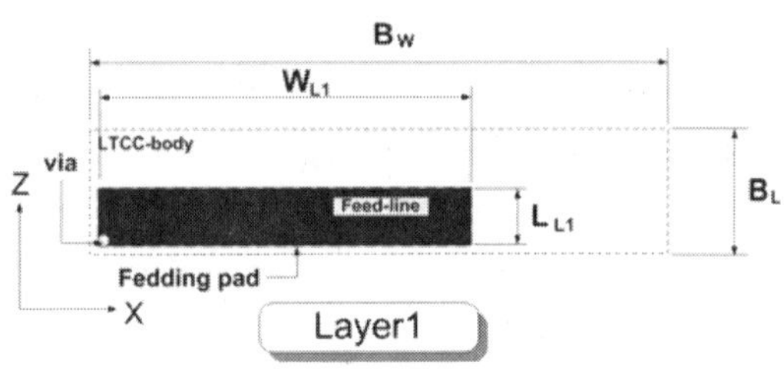

$B_W = 27\text{mm},\ B_L = 3\text{mm},\ W_{L1} = 16.2\text{mm},\ L_{L1} = 1.5\text{mm}$

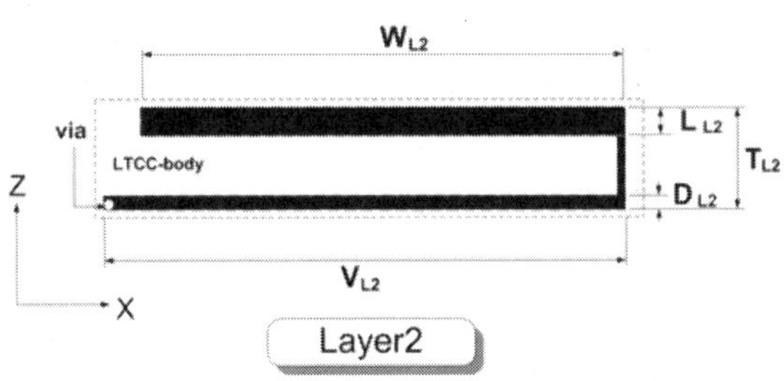

$W_{L2} = 22.2\text{mm},\ L_{L2} = 0.5\text{mm},\ V_{L2} = 25.5\text{mm},\ D_{L2} = 0.2\text{mm},\ T_{L2} = 2.5\text{mm}$

[그림 3-34] 단말기 실장환경에서 최적화된 삼중대역 안테나의 구조

제안된 안테나는 마이크로스트립 급전라인으로부터 급전되는 Layer1의 급전 패드를 WiBro 설계 중심 주파수(2.35GHz)에 설계 파라미터를 설정하였고, 수직 비아홀(via hole : 지름=0.12mm)을 통해 Layer2에 연결되어 있다. 연결된 Layer2의 최장 길이를 통해 모바일 RFID 대역 설계 중심 주파수(900MHz)에서 동작하도록 설계 파라미터를 설정하였다.

고차 모드를 이용한 K-PCS 대역을 형성하도록 설계를 최적화하였으며 제안된 안테나는 FR4($\epsilon_r = 4.4$) 기판의 가장자리 끝에 위치시키고 전체 크기가 3mm×27mm×1.5mm인 LTCC($\epsilon_r = 8$) 내부에 적층되어 있어졌다. 타입 3 안테나에서 커플링 적층 급전으로 인해 반사손실 특성의 저하와 전체적인 전류 흐름에 기여를 하지 못한 Layer3을 제거하였다. 상대적으로 이득이 감소하였지만 큰 오차를 보이지 않으므로 Layer3을 제거하고 전체적인 폭을 30[mm]에서 27[mm]로 소형화하였다.

[그림 3-35]에 제안된 단말기 실장환경에서 최적화된 안테나의 반사손실을 나타내었다. 제안된 안테나는 케이스가 닫힌 상태일 경우에 913[MHz], 1.83[GHz], 2.35[GHz]에서 삼중 공진특성을 나타내었다. 각각의 공진주파수에서 임피던스 대역폭은 62[MHz], 191[MHz], 112[MHz]를 나타내고 있으므로 모바일 RFID, K-PCS와 WiBro 시스템에서 요구되는 임피던스 대역폭을 만족하였다.

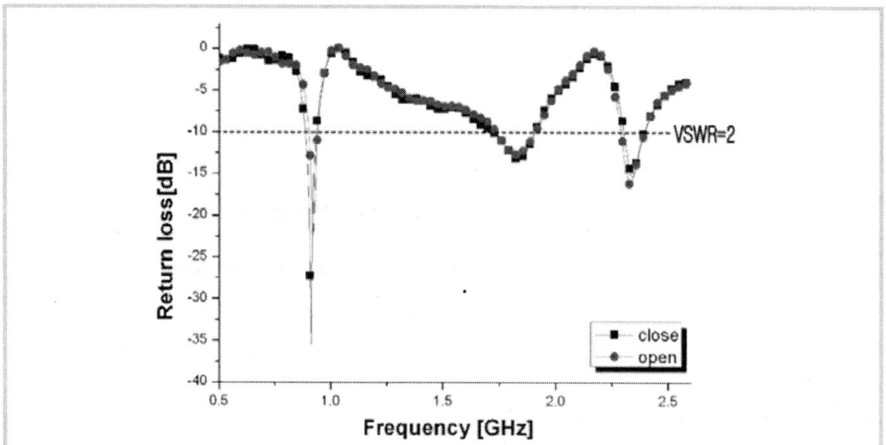

[그림 3-35] 단말기 실장환경에서 최적화된 안테나의 반사손실

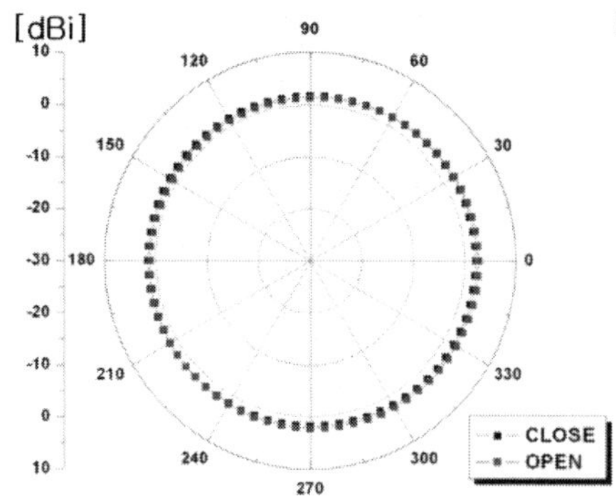

(a) X-Z 평면($f = 0.9\,\mathrm{GHz}$)

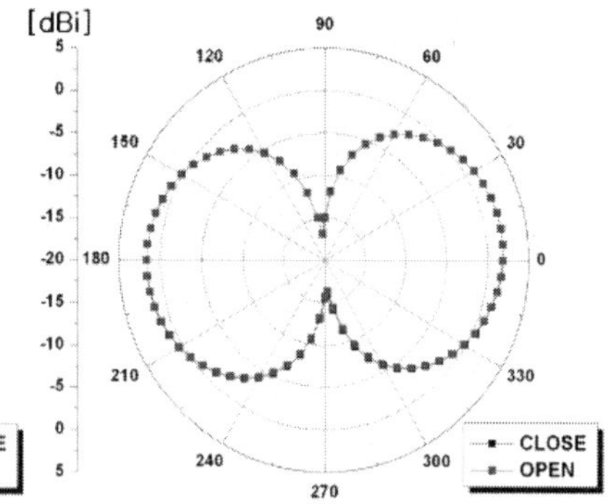

(b) Y-Z 평면($f = 0.9\,\mathrm{GHz}$)

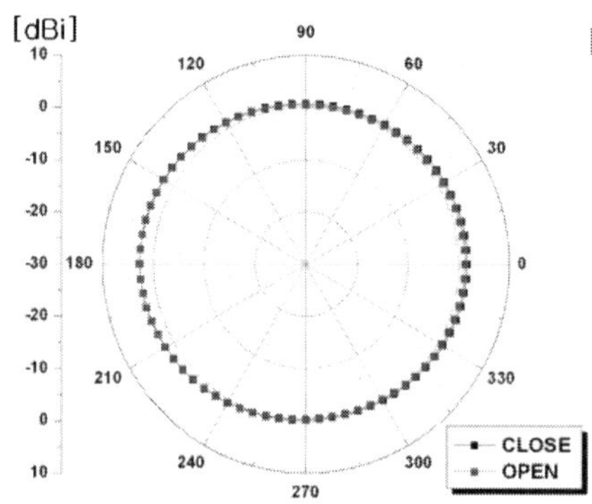

(a) X-Z 평면($f = 1.8\,\mathrm{GHz}$)

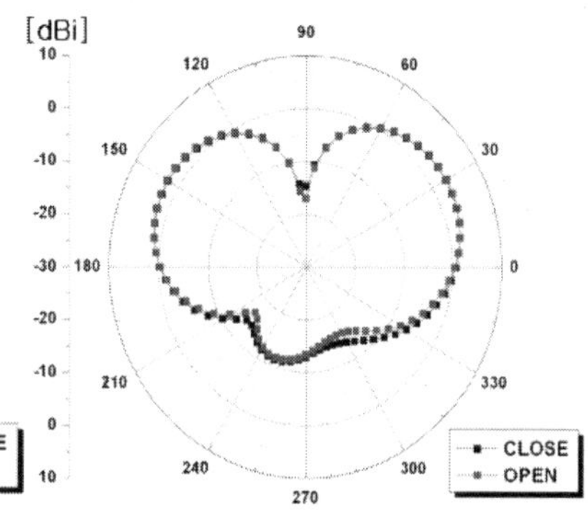

(b) Y-Z 평면($f = 1.8\,\mathrm{GHz}$)

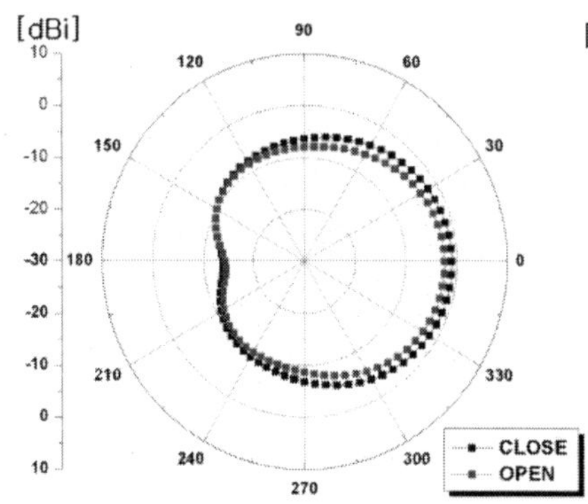

(a) X-Z 평면($f = 2.35\,\mathrm{GHz}$)

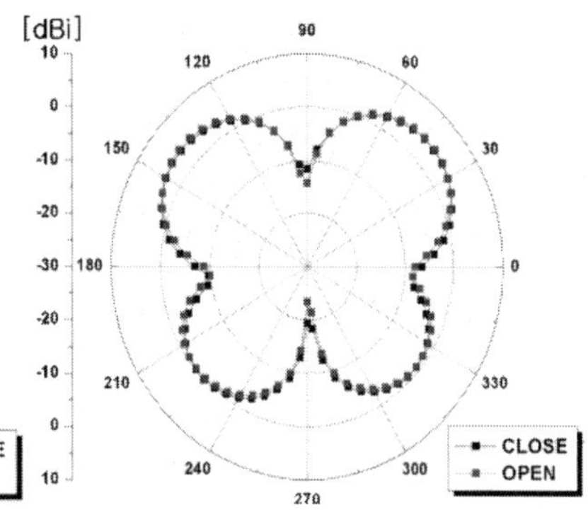

(b) Y-Z 평면($f = 2.35\,\mathrm{GHz}$)

[그림 3-36] 단말기 실장환경에서 최적화된 안테나의 방사패턴

[그림 3-36]에 단말기 실장환경에서의 최적화된 안테나의 방사패턴을 공진주파수 0.9[GHz], 1.8[GHz], 2.35[GHz]에서 각각 나타내었다. X-Z 평면에서는 각 주파수에서 등방성 패턴을 보이고 있으며, X-Y 평면상의 패턴은 Y-축 방향으로 놓인 일반적인 다이폴 패턴과 유사하다. 케이스가 닫힌 상태일 경우에 각각의 최대 방사이득은 2.58[dBi], 4.64[dBi], 4.63[dBi]였으며, 열린 상태일 경우에는 각각 2.69[dBi], 4.68[dBi], 4.44[dBi]였다.

[그림 3-37]에 각각의 공진주파수에서 제안된 실장환경에서의 최적화 안테나가 갖는 표면전류 분포를 나타내었다. 0.913[GHz]에서 전류분포는 급전 패치로부터 비아를 통해 Layer2의 최장 실효전류 경로를 확보하여 모바일 RFID 대역을 형성하는 것을 알 수 있다. 또한 WiBro 방사소자에 크게 영향을 끼치지 않는 것을 확인할 수 있다.

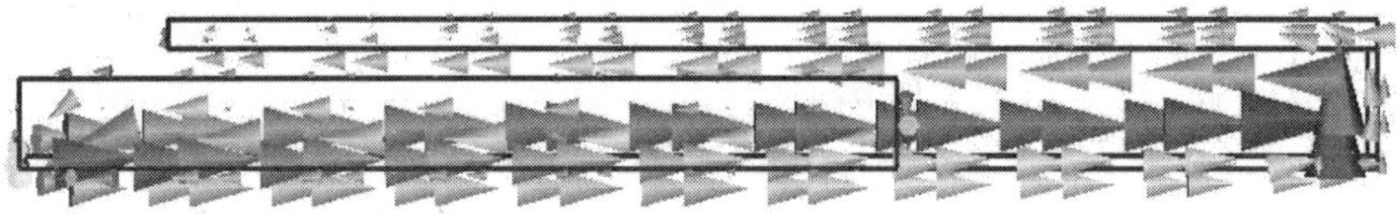

(a) $f = 0.913$[GHz]

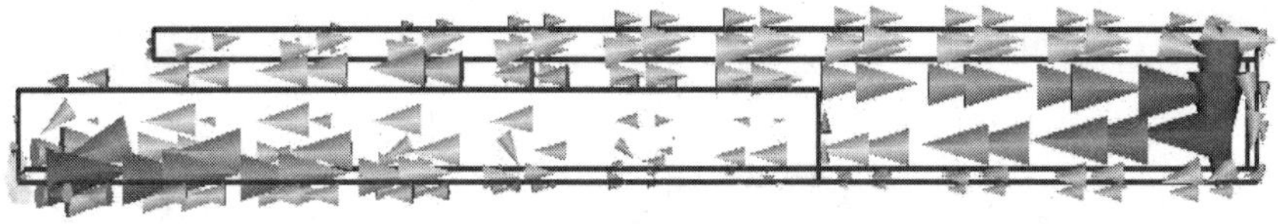

(b) $f = 1.832$[GHz]

(c) $f = 2.345$[GHz]

[그림 3-37] 각각의 공진주파수에 따른 표면전류 분포

1.832[GHz]에서 전류분포는 모바일 RFID를 형성하는 Layer2에서 고차 모드가 형성되어 K-PCS 대역을 형성하는 것을 알 수 있으며, WiBro 대역인 2.345[GHz]에서 전류분포는 급전 패드에서 전류가 집중되고 있다.

〈표 3-7〉, 〈표 3-8〉, 〈표 3-9〉에는 단말기 실장환경에서 각각의 주파수 대역에서의 안테나의 특성을 비교하였다.

[그림 3-38]에 제작된 모바일 RFID, K-PCS, WiBro 삼중대역 안테나의 사진 및 측정된 반사손실 특성을 나타내었다.

<표 3-7> 단말기 실장환경에서 최적화된 안테나의 특성 비교(모바일 RFID)

항목 \ 종류	타입 3	닫힌 상태	열린 상태
설계주파수(MHz)	903～927	880～942	903～942
f_0(MHz)	917	913	925
대역폭(MHz) <VSWR ≤ 2>	24	62	39
이득(dBi)	−1.61	2.58	2.69

<표 3-8> 단말기 실장환경에서 최적화된 안테나의 특성 비교(K-PCS)

항목 \ 종류	타입 3	닫힌 상태	열린 상태
설계주파수(MHz)	1723～1923	1717～1908	1733～1917
f_0(MHz)	1849	1832	1828
대역폭(MHz) <VSWR ≤ 2>	200	191	184
이득(dBi)	2.44	4.64	4.68

<표 3-9> 단말기 실장환경에서 최적화된 안테나의 특성 비교(WiBro)

항목 \ 종류	타입 3	닫힌 상태	열린 상태
설계주파수(MHz)	2233～2520	2300～2412	2284～2412
f_0(MHz)	2347	2345	2340
대역폭(MHz) <VSWR ≤ 2>	287	112	128
이득(dBi)	3.68	4.63	4.44

(a) 하우징

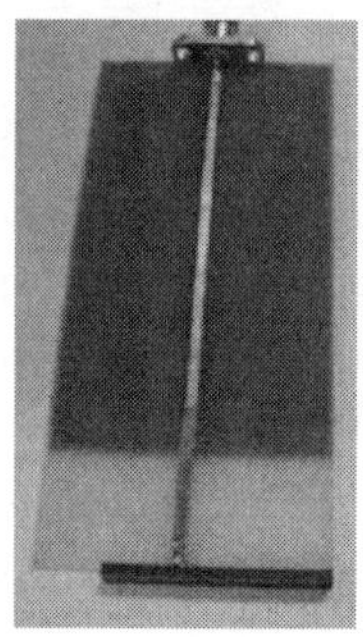

(b) 접지면

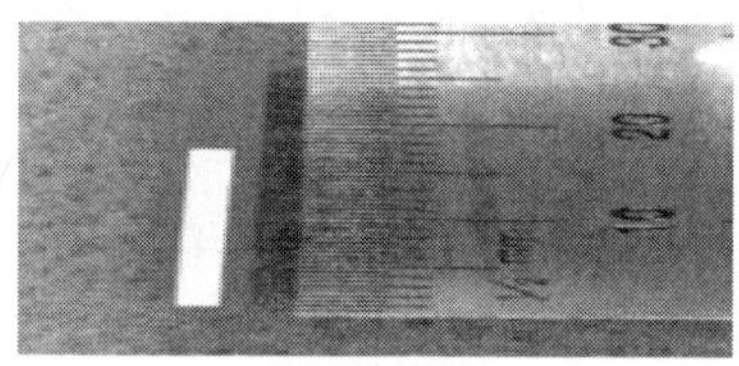

(c) 칩 안테나

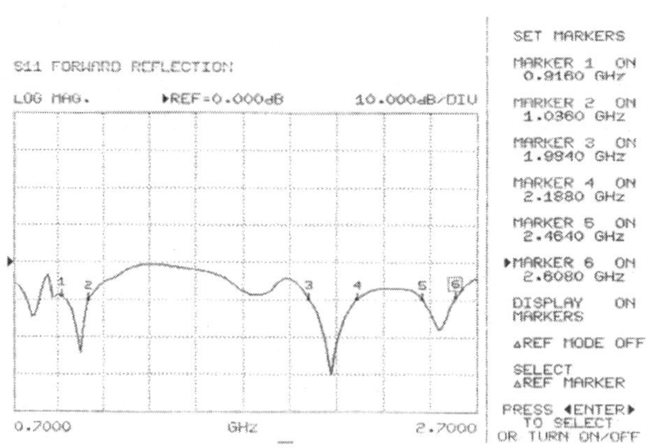

(d) 반사손실

[그림 3-38] 제작된 삼중대역 안테나의 사진 및 측정된 반사손실 특성

제작된 삼중대역 소형 칩 안테나의 크기는 3mm×27mm×1.5mm이며 제작에는 LTCC 공정을 사용하였고 LTCC-Body를 구성하는 그린 시트는 Dupont사의 DP 9599계열의 비유전 상수 값이 8인 유전체를 사용하였으며 제안된 접지면 환경은 일반적인 이동통신 휴대 단말기에서 통상적으로 사용되는 크기를 고려하여 기판은 FR-4를 사용하여 40mm×80mm($\epsilon_r = 4.4$, $t = 0.8$)의 크기로 제작되었다.

측정된 반사손실 특성은 모바일 RFID(900MHz), K-PCS, WiBro 대역에서 임피던스 대역폭은 각각 VSWR≤2 기준으로 약 120[MHz], 200[MHz]와 140[MHz]의 양호한 특성을 나타내고 있다. 그러나 LTCC 제작 공정상의 오차로 인하여 공진주파수 및 대역폭의 변화가 나타났다.

[그림 3-39]는 케이스가 닫힌 상태 경우와 열린 경우에 따른 각각의 공진주파수에서 측정된 X-Z 평면과 Y-Z 평면의 방사패턴을 나타내었다. 닫힌 상태일 때 각각의 공진주파수에서 최대 방사이득은 1.67[dBi], 3.25[dBi], 3.77[dBi]로 측정되었다. 열린 상태일 때 각각의 공진주파수에서 최대 방사이득은 1.23[dBi], 3.33[dBi], 3.31[dBi]로 측정되었다.

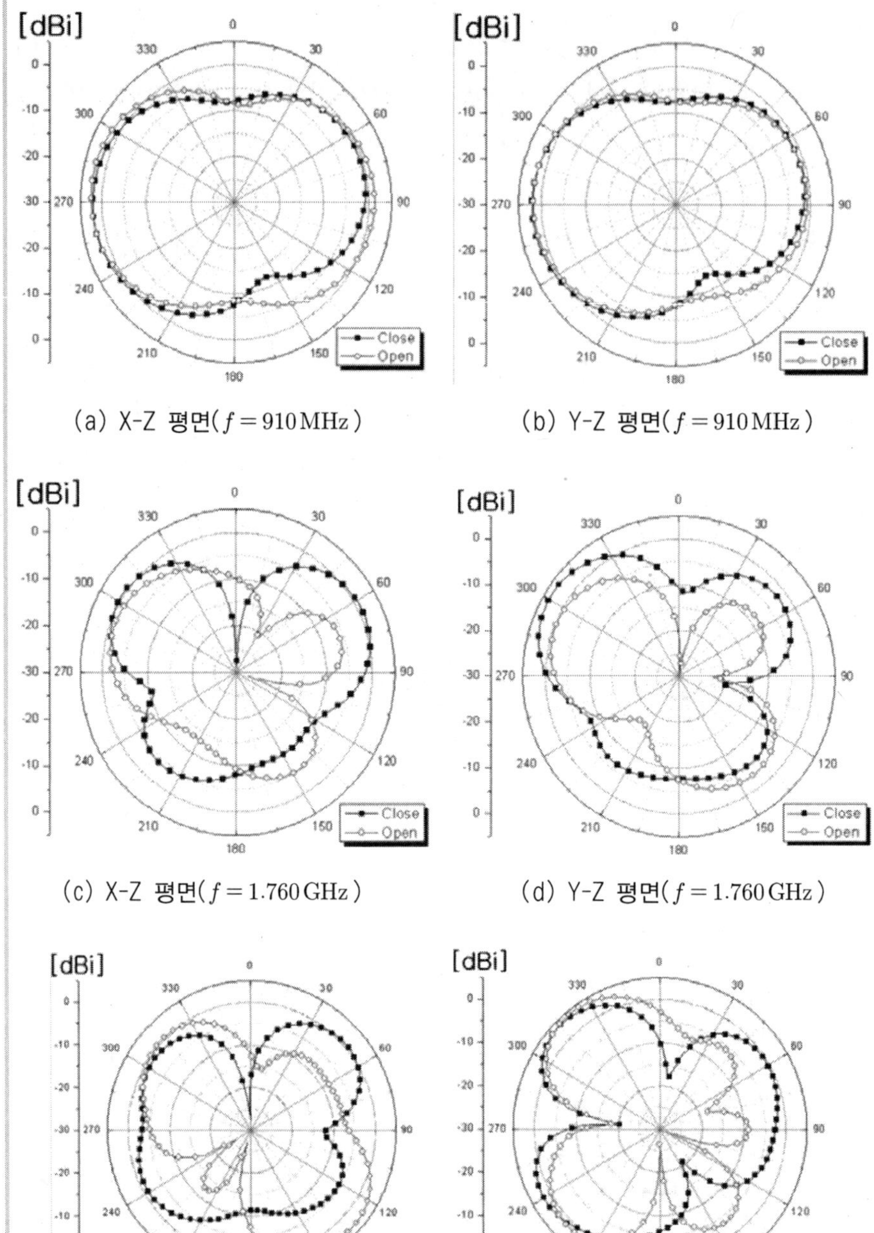

(a) X-Z 평면($f = 910\,\mathrm{MHz}$)
(b) Y-Z 평면($f = 910\,\mathrm{MHz}$)
(c) X-Z 평면($f = 1.760\,\mathrm{GHz}$)
(d) Y-Z 평면($f = 1.760\,\mathrm{GHz}$)
(e) X-Z 평면($f = 2.350\,\mathrm{GHz}$)
(f) Y-Z 평면($f = 2.350\,\mathrm{GHz}$)

[그림 3-39] 삼중대역 칩 안테나의 측정된 방사패턴

Chapter 4

RFID Tag 안테나

4.1 개 요

Radio Frequency Identification(RFID) 기술은 오늘날 유통, 물류, 의료, 센서 네트워크 등 다양한 분야에 적용되고 있다. 기본적인 RFID 시스템은 리더(reader)라고 불리는 무선스캐너와 태그(tag)라고 불리는 원격트랜스폰더 및 안테나로 구성된다.

태그는 안테나와 각각의 정보를 저장할 수 있는 칩이 탑재되어 있어서 RFID 태그 내부에 내장된 안테나가 리더로부터 전파를 수신하면 탑재된 칩이 안테나로부터 공급되는 미소전류에 의하여 동작되며 칩 내부의 정보를 신호화하여 리더로 데이터를 무선 송신한다. 이러한 RFID 기술은 저주파(LH ; 125~134kHz), 고주파(HF ; 13.56MHz), 초고주파(UHF ; 433~434, 908~914MHz) 및 마이크로파(MW ; 2.45GHz) 대역의 무선전파를 사용하여 교통카드, 물품관리, 동물추적, 전자화폐, 보안관리 등 다양한 분야에 선택적으로 적용되고 있다.

RFID 시스템의 리더와 태그에는 모두 안테나를 사용하게 되며, 일반적으로 리더안테나는 원형편파를 갖도록 설계하여 태그안테나의 방향이 다소 바뀌어도 무선신호가 링크되도록 한다. 이러한 리더안테나는 일반적으로 저가의 평면형 구조로 제작할 수 있는 마이크로스트립 안테나가 주로 사용된다.

일반적으로 태그의 임피던스는 용량성이므로 안테나의 정합을 위해서는 태그안테나의 임피던스는 유도성이어야 한다. 다이폴안테나의 경우에 안테나의 길이가 반파장보다 짧은 경우에 용량성 임피던스를 가지나 사용 주파수가 UHF 대역인 경우에 안테나의 길이가 커지게 되므로 태그의 크기를 작게 제작하기 위하여 미엔더 형태로 만든 안테나를 사용하게 된다.

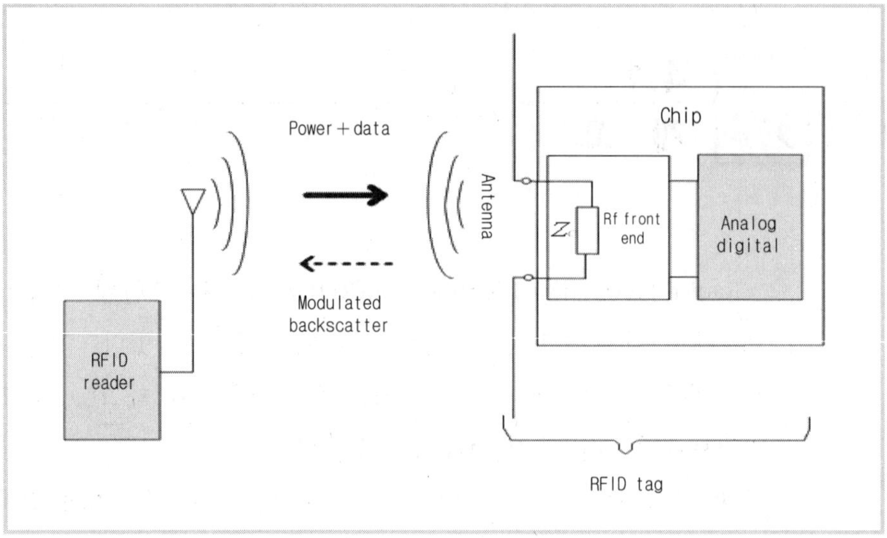

[그림 4-1] RFID 시스템

대부분의 UHF 대역 무지향성 태그 안테나는 수정된 인쇄기판 형태의 다이폴안테나 형태이며, 이러한 안테나의 설계에 있어서 중요한 점은 안테나의 크기를 최소화시키고 공액정합을 위하여 유도성 리액턴스를 갖도록 설계하는 것이다.

4.2 공액정합

태그안테나의 가장 중요한 성능은 판독거리이다. 판독거리 r은 퓨리스의 공식에 의하면

$$r = \frac{\lambda}{4}\sqrt{\frac{P_t G_t G_r \tau}{P_{th}}} \tag{4.1}$$

로 표시되며, 여기서 P_t, G_t, G_r, P_{th}는 각각 리더의 송신전력, 송신안

테나 이득, 수신 태그안테나 이득 및 RFID 태그 칩에 공급하기 위한 최소 전력이다. τ는 전력 투과계수이며 다음 식으로 나타내어진다.

$$\tau = \frac{4R_cR_a}{|Z_c + Z_a|^2} \tag{4.2}$$

여기서 $Z_c = R_c + jX_c$는 칩의 임피던스이고 $Z_a = R_a + jX_a$는 안테나 임피던스이다.

식 (4.1)에 나타난 바와 같이 판독거리는 리더의 EIRP인 P_tG_t와 태그안테나 이득 G_r 및 전력투과계수 τ에 의하여 결정된다. 칩의 임피던스는 용량성이며 UHF 대역에서 대부분의 RFID ASICS(application specific integrated circuits)의 리액턴스 값은 대략 −100[Ω]에서 −400[Ω] 정도를 나타내며 저항 값은 매우 낮다. 따라서 공액정합(Conjugate Impedance Matching)을 시키기 위한 안테나의 임피던스는 유도성이어야 하며 큰 위상각을 나타내어야 한다(45°< Z_a). 이러한 정합회로는 태그 내부에 내장되어야 하며 안테나의 튜닝을 위하여 T정합, 유도성 결합 루프, 슬롯 등을 사용한 태그 안테나 급전회로가 주로 사용된다.

(1) T정합

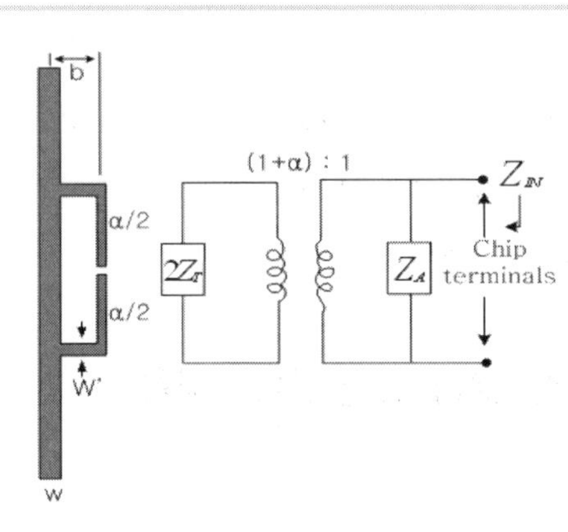

[그림 4-2] 평면형 다이폴안테나와 T정합 등가회로

[그림 4-2]에 평면형 다이폴안테나와 T정합 등가회로를 나타내었다. 길이 l인 평면형 다이폴의 중앙부에 근접되어 b만큼 떨어진 거리에 수직부의 길이가 각각 $a/2$인 두 개의 단락 스터브($a \le l$)를 위치시키었을 경우에 칩 단자에서 안테나 측을 바라다본 입력임피던스 Z_{in}은

$$Z_{in} = \frac{2Z_t(1+\alpha)^2 Z_a}{2Z_t + (1+\alpha)^2 Z_a} \tag{4.3}$$

이다. 여기서 $Z_t = jZ_0 \tan(ka/2)$는 단락 스터브의 입력임피던스이며 $Z_0 \approx 276\log_{10}(b/\sqrt{r_e r_c})$는 b만큼 떨어진 두 전송선로의 특성임피던스이다. Z_a는 T정합 선로가 없을 경우에 다이폴안테나의 중심부에서 안테나 입력임피던스이며 $r_e = 0.25w$, $r_c = 8.25w'$ 각각 다이폴과 전합 스터브의 등가 반지름이다. 임피던스 변환비 $1+\alpha$는 도체의 단면적의 비에 의하여 정해지며 대략 $\alpha = \ln(b/r_a)/\ln(b/r_e)$로 나타내어진다.

칩의 복소임피던스 $Z_c = R_c + jX_c$에 정합시키기 위하여 a, b, w'를 변화시키면서 설계하며 결국 T정합은 [그림 4-2]에 나타난 바와 같이 임피던스 변환기로 동작한다. 이러한 T정합 회로의 설계에 있어서 문제점은 정합회로의 입력저항 값이 비교적 크다는 점이다.

일반적으로 a, b의 값을 작게 선택하면 저항 값이 적어지나 한계가 있기 때문에 저항 값이 적은 칩을 고려하면 실수부의 정합에 한계가 나타난다. 따라서 단일 T정합 회로는 완벽한 정합 상태를 구현하기는 힘들어진다. 이러한 단점을 극복하기 위한 다른 대안은 T정합을 사용하는 대신에 다이폴안테나를 소형 루프 구조를 사용하여 유도성 결합시키는 방법이 적용될 수 있다.

(2) 유도성 결합 소형 루프 정합

[그림 4-3]에 유도성 결합 소형 루프 구조 및 등가회로를 나타내었다. 도체스트립 방사소자에 매우 근접된 소형 루프안테나를 위치시키

고 칩을 루프 단자에 직접 접속시키는 방법이다. 방사소자와 루프 사이의 거리 d를 조절하면 결합도가 변화된다. 이 경우에 유도성 결합 구조는 변환기로 모델링되며 루프 단자에서 입력임피던스 Z_{in}값은

$$Z_{in} = Z_{loop} + \frac{(2\pi f M)}{Z_A} \tag{4.4}$$

이며, 여기서 Z_A는 방사소자의 임피던스이며 $Z_{loop} = j2\pi f L_{loop}$는 루프만의 입력임피던스이다.

다이폴 방사소자의 공진 유무에 무관하게 전체 구조에 대한 입력임피던스 값은 오직 루프의 인덕턴스 값 L_{loop}에 의하여 결정되며, 저항 값은 변환기의 상호 인덕턴스 값 M에 의하여 결정된다.

$$R_{in}(f_0) = (2\pi f_0 M)^2 / R_A(f_0) \tag{4.5}$$

$$X_{in}(f_0) = 2\pi f_0 L_{loop}$$

M값은 루프의 형태 및 방사소자와 루프 사이의 거리 d에 의하여 결정되며, L_{loop}의 값은 루프의 형상에 의하여 결정되므로 설계에서 이 점을 고려하여야 한다. 루프의 크기를 고정하였을 경우에 방사소자와 루프 사이의 거리 d값을 증가시키면 저항 값은 감소하게 된다.

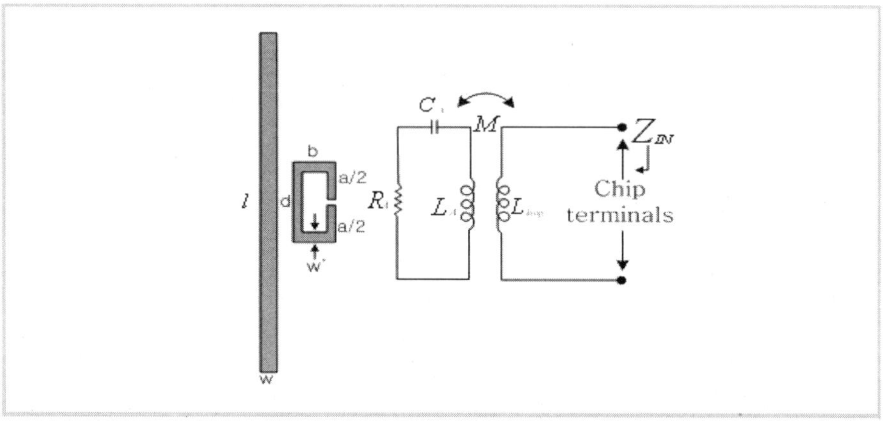

[그림 4-3] 유도성 결합 소형 루프 구조 및 등가회로

(3) 슬롯형

UHF 주파수대 RFID 태그 안테나는 일반적으로 인쇄기판 형태의 다이폴안테나가 주로 사용되며 크기를 줄이기 위한 미엔더 형태로 사용된다. 이러한 태그안테나를 인체에 부착하여 사용할 경우에는 인체의 영향으로 인한 손실 등의 증가로 인한 효율의 감소, 파형의 왜곡 등의 문제가 발생하게 된다. 그러나 최근 UHF RFID 주파수대를 이용한 인체 모니터링 응용 분야에서 태그를 사용할 경우에 안테나를 정합시키기 위한 새로운 방법이 사용되고 있다.

[그림 4-4]에 H 형태의 슬롯 구조의 패치형 안테나를 나타내었다.

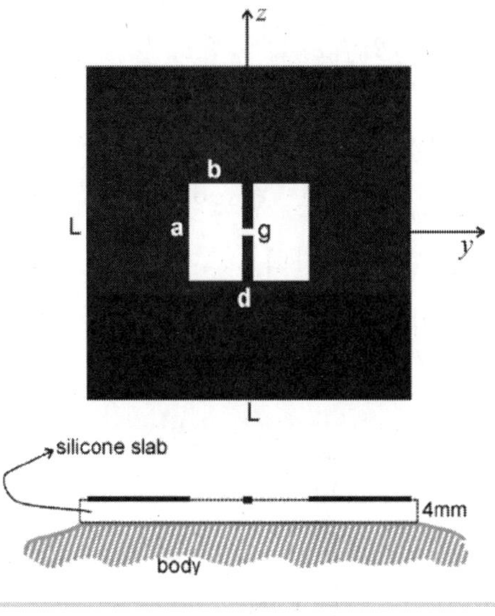

[그림 4-4] H 형태의 슬롯 구조의 패치형 안테나

소형 슬롯은 유도성 리액턴스를 나타내게 되므로 태그가 높은 유전율을 갖는 인체 위에 부착되었을 경우에 임피던스 정합이 용이하게 된다. 태그가 g 위치에 부착되었을 경우의 등가회로를 [그림 4-5]에 나타내었다.

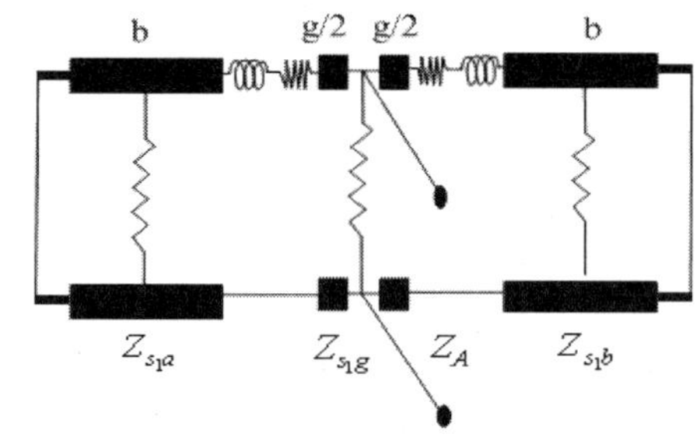

[그림 4-5] [그림 4-4]의 등가회로

안테나의 최대 이득은 패치의 크기 l에 의하여 결정되며 슬롯의 크기 a, b 값에 의하여 임피던스의 조정이 가능하다. 내부 슬롯의 형태 변화에 의하여 안테나는 정방형 다이폴, H형 슬롯, 광대역 패치 다이폴 또는 폴디드 다이폴 형태로 동작할 수 있다.

① $a = g \ll l$, $2b + d = l$인 경우에는 평면형 다이폴 모드로 동작하며, 리액턴스는 낮은 값을 나타내며 RFID UHF 주파수대 안테나로 사용할 수 있다.

② $b \ll l$인 경우에는 H형 슬롯 모드로 동작하며 리액턴스 값이 최대로 되며, H형 슬롯의 크기에 따라서 공진주파수가 정해지게 된다. 공진 점 부근에서 입력저항 값은 매우 큰 값을 가지게 되나, b값이 점차로 증가되게 되면 리액턴스 값은 감소되며 저항 값도 감소한다.

③ $2b \approx l$로 되면 입력리액턴스 값도 비교적 낮은 값을 나타내고 저항 값도 낮은 값을 나타내게 되므로 태그를 넓은 주파수대역에 걸쳐서 정합시킬 수 있다.

④ $2b \approx a \approx l$인 경우에는 슬롯의 크기가 패치면의 크기와 거의 동일하게 되어 폴디드 다이폴 모드로 동작되며, 리액턴스 값은 용량성으로 나타나므로 칩을 공액정합 시키기에는 적합하지 않다.

각각의 모드에서 패치 도체 평면상의 전류분포를 [그림 4-6]에 나타내었다.

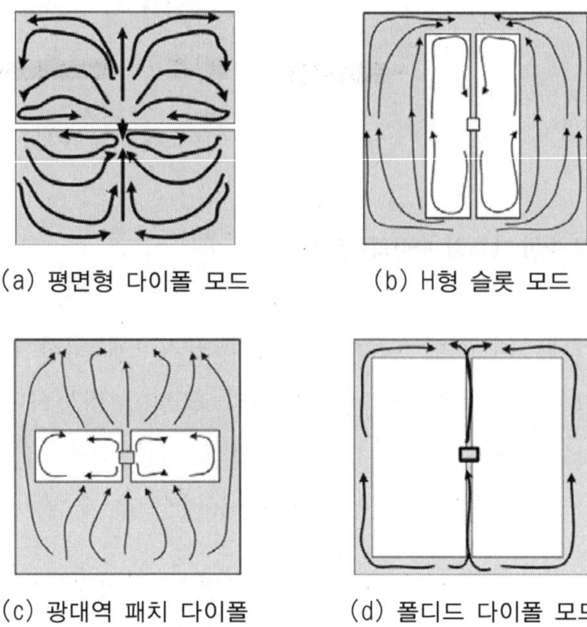

[그림 4-6] 각각의 모드에서 패치 도체 평면상의 전류분포

4.3 안테나 소형화

RFID 태그 안테나는 임피던스 정합을 위하여 높은 인덕턴스 값이 요구되므로 안테나의 크기가 커지게 되므로 안테나의 크기를 축소시키는 기법에 대한 고려가 필요하다. 1[GHz] 이하의 UHF 주파수대역에서 사용되는 RFID 안테나의 크기를 감소시키는 방법으로는 메안더링 기법이 주로 사용된다. 이외에도 IFA, PIFA 및 패치형 안테나를 사용

하는 방법이 있으나 이러한 안테나 구조는 접지면을 필요로 한다.

선형 다이폴안테나를 메안더링 형태로 만든 구조를 [그림 4-7]에 나타내었다. 안테나를 구성하고 있는 선로를 구부리게 되면 선로에 의한 분산 커패시턴스와 인덕턴스들에 의한 리액턴스 값들이 안테나의 입력임피던스 값에 영향을 미치게 된다.

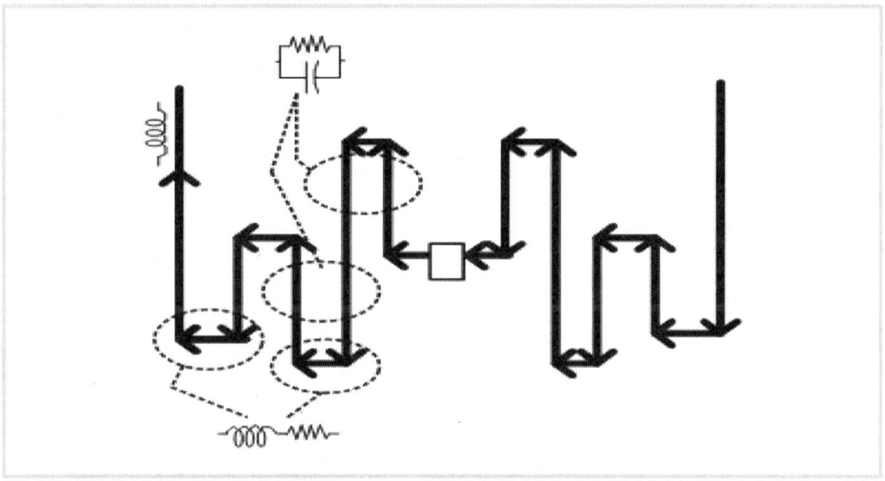

[그림 4-7] 메안더 선로 안테나와 상호 결합

[그림 4-8]에 나타난 바와 같이 도선의 수직부분에 흐르는 전류는 서로 반대 방향으로 나타나므로 원거리 계에서 이들에 의한 방사는 서로 상쇄되며 이들로 인한 전력손실이 발생되게 된다. 일반적으로 수직부의 길이는 안테나의 방사저항에 영향을 주며, 손실저항 값은 사용 도선의 직경과 전체 도선의 길이에 의하여 결정된다.

따라서 도선의 각 부분에서 병렬 RC 및 직렬 RL 회로가 나타나는 등의 영향으로 인하여, 메안더링한 안테나의 공진주파수는 메안더링시키지 않았을 경우의 직선형 다이폴안테나의 공진주파수보다 더 낮은 주파수에서 공진하게 된다. 이들 영향으로 인하여 상대적으로 안테나를 축소시킨 효과를 얻을 수 있다. [그림 4-8]에 메안더링 구조를 사용한 UHF 주파수대역에서 사용되는 RFID 안테나의 구조를 나타내었다.

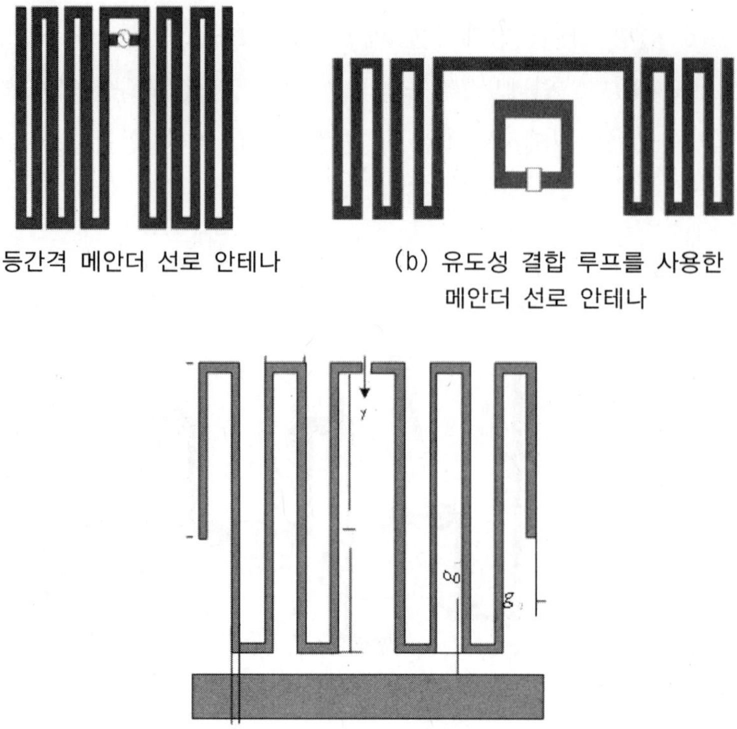

(a) 등간격 메안더 선로 안테나

(b) 유도성 결합 루프를 사용한 메안더 선로 안테나

(c) 유도성 결합 로딩 바를 사용한 메안더 선로 안테나

[그림 4-8] 메안더링 구조를 사용한 UHF RFID 안테나

그러나 [그림 4-9]에 나타낸 바와 같이 동일한 길이의 도선을 균일하게 메안더링시키었을 경우에 반하여 비균일 형태의 메안더링시키면 안테나의 입력임피던스 및 이득 등이 변하게 되므로 설계 시에 안테나 구조의 최적화가 요구된다.

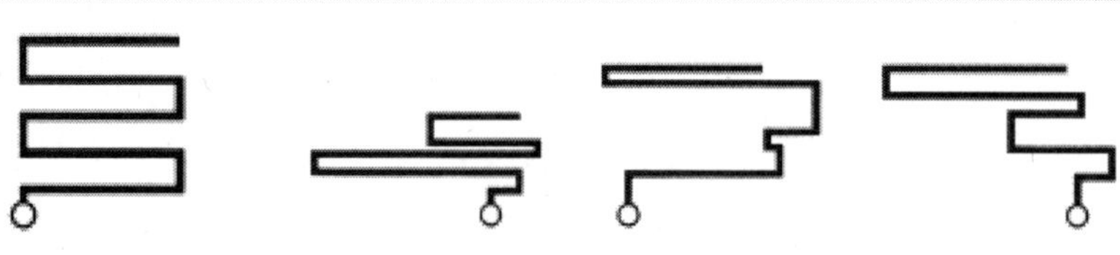

(a) 균일 메안더

(b) 비균일 메안더

[그림 4-9] 균일/비균일 메안더 선로 안테나 구조

Chapter

5

UWB 안테나

5.1 개 요

최근 근거리 무선통신 중 100[Mbps] 이상의 광대역 멀티미디어 신호를 송수신할 수 있는 UWB(Ultra Wide-Band) 통신 방식이 부각되고 있다. 근거리 통신 또는 휴대용 단말기 응용을 위한 무선통신 분야에서 UWB는 저렴한 가격과 고성능, 그리고 높은 집적도의 요구로 점차 증가되고 있다. UWB 기술에 대한 관심이 국내외적으로 크게 부각되면서 미국 FCC(Federal Communications Commission)에서 UWB 기술 개발과 상용화를 위해 여러 가지 기술 기준을 제정하고, 응용 분야인 영상 시스템, 옥내 및 휴대용 UWB 시스템과 차량용 레이더 시스템을 제안하고 있다.

UWB 기술은 매우 낮은 전력으로 초고속, 고성능의 무선 네트워크 구축이 가능하며 짧은 펄스 신호를 사용하므로 신뢰성이 있는 무선통신이 가능하다. 이러한 기술은 비행체의 충돌방지 장비, 레이더뿐만 아니라 환자의 상태 및 산모의 태아상태 검진 등의 의학 기술에도 많은 영향을 가져올 수 있는 중요한 기술이다. 이러한 UWB 시스템의 사용 주파수 범위는 3.1～10.6[GHz]이다.

5.2 UWB 시스템

UWB는 미국 국방부가 군사적 목적으로 개발한 무선기술로서 근거리 무선 데이터 전송을 위해 수 [GHz] 대역폭을 가지며, 100[Mbps]에서 1[Gbps]의 초고속 전송속도를 갖는 초광대역 시스템으로 정의된다.

UWB 신호는 기존의 협대역 시스템 및 3세대 기술인 광대역 시스템과 구별하기 위하여 중심주파수의 25[%] 이상의 점유 대역폭을 갖거나, 1.5[GHz] 이상의 점유 대역폭을 갖는 무선 전송 기술로 정의한다. 또한, 정보의 전송에 1[ns] 이하의 시간 폭이 극히 짧은 펄스를 사용하고 반송파를 이용하지 않는 시스템이다.

미국 연방통신위원회(FCC)에서 정한 UWB의 허가 제원은 3.1~10.6[GHz]의 주파수 대역에서 −41.3[dBm/MHz]의 잡음강도와 20[%]의 상대적(fractional) 대역폭, 500[MHz] 이상의 주파수 대역폭을 만족하도록 하고 있다. UWB 신호 파형은 2상 위상변조(BPSK) 신호 파형과 비교하였을 때 반송파에 따른 변조 없이 1[ns] 이하의 펄스열을 기저대역 신호로써 송신한다. FCC가 정한 UWB 상대적 대역폭 BW는

$$BW = \frac{f_u - f_l}{(f_u + f_l)/2} \tag{5.1}$$

여기서, f_u와 f_l는 각각 최대 전력 방사보다 10[dB] 낮은 지점에 대한 상한 및 하한 주파수이다.

UWB의 물리층 사양의 요구조건은 대응하는 데이터 전송속도와 전송거리 측면에서 110[Mb/s]에서 10[m] 이상, 200[Mb/s]에서 4[m] 이상의 전송거리를 요구하며, 소비전력은 110[Mb/s]에서 100[mW] 이하, 200[Mb/s]에서 250[mW] 이하의 전력과 대기 모드를 갖추어야 한다. 또한, 한 개의 네트워크당 최대 256대의 접속대수를 요구하며, 동시 4개의 접속 가능한 네트워크를 요구한다.

UWB와 공존이 강하게 요구되는 무선 방식으로는 IEEE 802.11a/b, IEEE 802.15.1(Bluetooth)/3(WiMedia)/4(ZigBee), 휴대전화, GPS 등이 있다. 즉 1[ns] 이하의 펄스를 사용하여 반송파를 이용하지 않고 전송하는 것을 주파수 축에서 놓고 보면 수[GHz]의 대역을 갖게 되며 송신출력이 기존의 다른 전송 방식과 비교하였을 때 작은 값을 가지는 것을 [그림 5-1]에 나타내었다. 또한 〈표 5-1〉에 기존의 근거리 무선 전송 기술의 최대 데이터의 전송속도와 송신출력을 제시하였다.

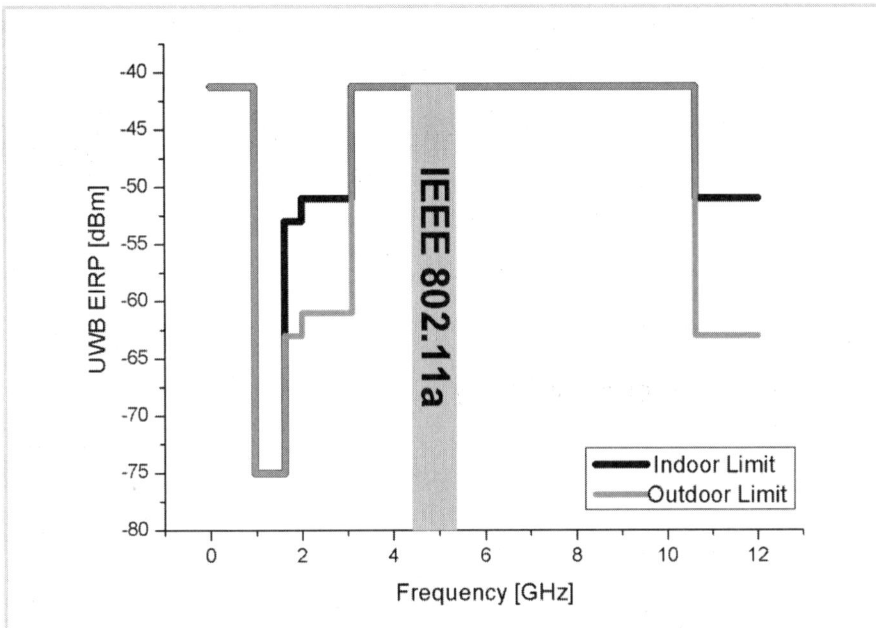

[그림 5-1] FCC 규정 UWB 실내외 신호의 방사전력 한계

<표 5-1> 근거리 무선기술의 전송속도와 송신출력

무선기술	최대 데이터 전송속도	일반적인 송신출력
Bluetooth 1.1	1[Mb/s]	1[mW]
무선 LAN (802.11b)	10[Mb/s]	100[mW]
무선 LAN (802.11a)	100[Mb/s]	100[mW]
UWB	1[Gb/s]	0.1[mW]

UWB 기술은 기존의 정현파 형태의 전송 방식과 비교하였을 때 많은 장점을 보인다. 먼저 임펄스 신호를 사용할 경우 짧은 주기의 에너지가 사용되므로 통신 시스템의 구현이 경제적이며 동일 신호 출력의 경우는 약 10배 이상의 우수한 특성을 보인다. 또한, 다중접속 채널 기술의 구현이 용이하여 가입자 수가 훨씬 더 증가되며 채널 간

간섭이 극히 적어 깨끗한 통신환경을 구성하게 된다. 또 다른 UWB 시스템의 특징은 기존의 정현파 신호의 전송과는 달리 반송파 없이 기저대역 형태로 전송하므로 변복조 회로가 불필요하게 되어 간단한 신호처리 방식으로 저렴한 통신 시스템을 구현할 수 있다.

5.3 광대역 안테나

미국 연방통신위원회에서 규정한 사용 주파수 3.1~10.6[GHz]의 대역을 사용하고 실내환경에서 거리 9[m] 이내에서만 무선통신을 구현하도록 허가된 UWB 시스템은 주파수 대역폭이 넓으므로 신호의 원활한 송수신을 위하여 광대역 특성을 지닌 안테나를 사용하여야 한다. UWB 안테나에 입사된 펄스 신호는 광대역 특성을 갖고 있으므로 안테나에서 주파수 특성에 의해서 전송속도의 지연으로 펄스의 분산효과가 발생할 수 있다. 그러므로 분산효과가 없는 안테나를 적절하게 적용할 수 있도록 설계하여야 한다.

UWB 안테나의 요구조건을 살펴보면 먼저 3.1~10.6[GHz]의 주파수 대역폭을 만족하여야 하며 적은 전력을 소모하여야 한다. 안테나는 높은 방사효율을 요구하며 극히 작은 펄스주기를 사용하므로 선형적인 위상의 응답을 요구하여 최소한의 신호 분산을 만족하여야 한다. 그러나 UWB 시스템의 경우 IEEE 802.11a(5.15~5.35GHz, 5.725~5.825GHz)와 Europe ETSI HIPERLAN/2(5.15~5.35GHz, 5.47~5.725GHz) 시스템의 주파수 대역을 포함하고 있기 때문에 두 시스템 간의 간섭을 최대한 줄여야 하는 문제를 안고 있다.

저지대역을 확보하기 위해서는 안테나의 급전부에 저지대역 필터 구조를 삽입하는 경우와 안테나 방사소자 자체에 원하는 대역의 필드를 구조적으로 억압하는 방법이 있다. CPW 급전부에 저지대역 필터를 삽입하는 방법은 안테나의 크기가 작은 경우 접지면을 충분히 확보하기 어렵기 때문에 원하는 특성을 얻기 힘들다.

UWB 안테나는 기본적으로 광대역 안테나이며 광대역 특성을 나타내는 안테나의 종류에는 크게 자기 상보형(self-complementary) 안테나와 다중공진형(Multi-resonance) 안테나로 나뉜다. 자기 상보형 안테나는 기본적인 구조를 되풀이하여 유사구조를 만들어 다중공진을 일으키는 프랙탈(fractal) 안테나, 고정된 물리적 길이의 각을 조절하여 광대역을 구현하는 스파이럴(spiral) 안테나, TEM 혼 안테나 등이 있으며 다중공진형 안테나는 대수주기(log-periodic) 안테나 등이 있다.

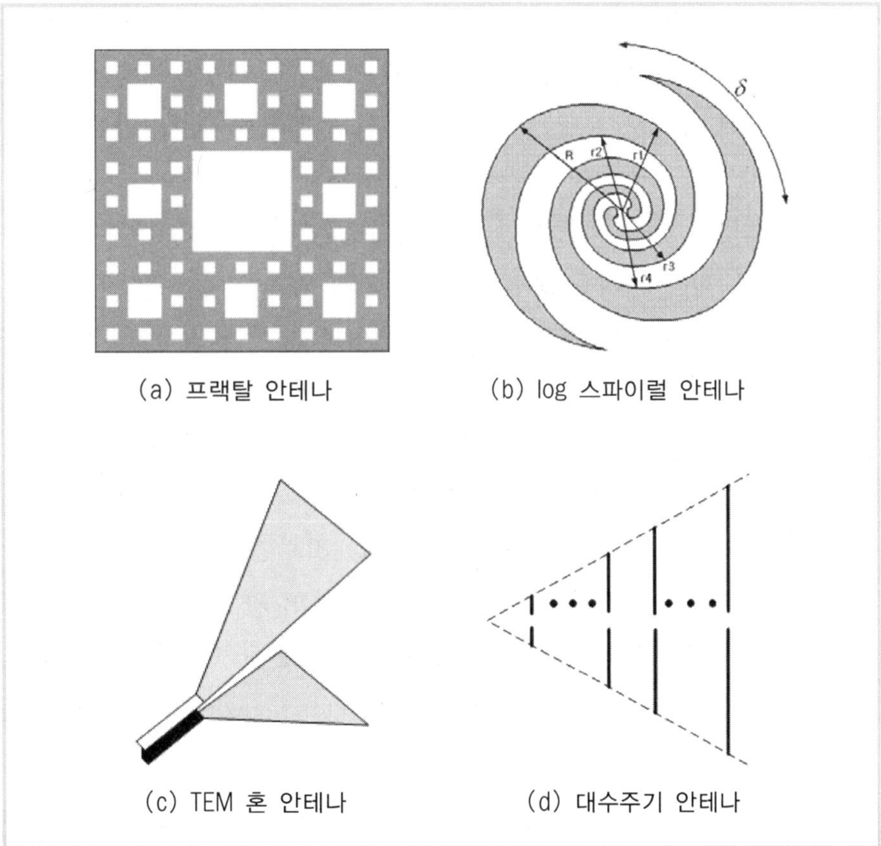

(a) 프랙탈 안테나 (b) log 스파이럴 안테나

(c) TEM 혼 안테나 (d) 대수주기 안테나

[그림 5-2] 광대역 안테나

프랙탈(fractal) 안테나는 기본적인 구조를 반복적으로 되풀이하여 유사구조를 만들어 다중공진을 일으키는 안테나로서 공진형 안테나의 크기를 줄이기 위한 연구에서 시작되었으며, 기본적인 공진형 다이폴 안테나의 크기를 감소시키면 입력임피던스가 매우 작아지므로 효과적인 전력 전달이 어려워진다. 이러한 문제점을 해결하기 위하여 공진형 안테나에 프랙탈 원리를 적용하여 안테나의 크기를 감소시키는 동시에 입력리액턴스의 증가를 시키는 방법으로 사용할 수 있다. 또한 패치 안테나의 크기를 소형화시키기 위하여 프랙탈 구조로 변형된 전기적 경로를 형성시켜 면적을 줄이는 효과를 얻을 수 있다.

자기 상보성 구조란 전원 주파수와 구조적인 형상에 무관하게 일정한 입력임피던스를 가지는 주파수 독립 구조이다. 스파이럴 안테나는 자기 상보성의 원리로 광대역을 이루는 구조이다. 스파이럴 안테나는 오직 원형 편파만을 생성하며 다양한 방법으로 나선형 암의 전류를 테이퍼링시켜 줌으로써 나선형 요소로부터 대역폭을 확장시킨다. 주파수에 독립적으로 동작하며 적은 전력으로의 안테나 동작이 가능하다. 양방향성 패턴을 가지며 낮은 주파수에서는 안테나 요소의 끝부분 때문에 이득이 감소하는 경향을 보이며 약 0[dBi]의 이득을 전 대역에서 보인다.

스파이럴 안테나의 특징은 위상의 중심이 항상 일정하고 일정한 빔폭과 이득을 갖는다는 점이다. 일반적으로 커브를 갖는 두 개의 안테나 요소로 이루어져 있으며 주파수에 의해 방사의 위치가 변화하며 [그림 5-2 (b)]에서 r_0와 R 길이에 의해 각 공진주파수의 $\lambda/4$ 길이에서 최소 주파수와 최대 주파수를 결정한다. 나선을 이루는 안테나의 요소는 근거리장(near-fields)에서 10[dB/λ] 정도의 빠르기로 감소하며 나선 요소의 전기적인 길이의 비에 관련된 함수로 작용한다.

스파이럴 안테나는 아르키메디안(archimedean) 스파이럴, 등각 스파이럴 및 슬롯(slot) 스파이럴 안테나로 변형된 구조 등이 있으며 안테나의 대칭적인 특성을 유지하기 위하여 급전선이 전기적으로 평형을 이루도록 발룬(balun)을 사용하기도 하지만 대역폭에 제한을 받는다.

TEM 혼 안테나는 [그림 5-2 (c)]에 나타낸 바와 같이 두 개의 평면 도체를 V자 형태를 구성하도록 하여, 전방으로 진행하는 TEM파를 유지할 수 있도록 한 안테나로 안테나에서 방사되는 빔은 선형 TEM파가 된다.

대수주기 안테나는 광대역 특성을 구현하기 위하여 안테나 소자의 길이와 간격을 일정한 주기를 갖게 하여 다중공진을 만든다. 주파수에 따라 임피던스와 방사 특성이 주기적으로 반복하는 안테나로서 주파수 대역폭 측면에서 주파수 독립 안테나로 여겨질 만큼 넓은 대역폭을 유지하며 간단한 구조를 가진다.

대수주기 안테나의 대역폭은 가장 짧은 안테나 소자와 가장 긴 안테나 소자의 반 파장 길이로 구현하는 엔드 파이어(End-fire) 방사패턴을 갖는다. 야기우다(Yagi-Uda) 안테나와 비슷하게 동작하지만 보다 넓은 대역폭을 갖고 있으며 모든 안테나의 소자에 급전이 여기되며 모든 안테나 소자에서 방사가 일어난다.

대수주기 안테나의 경우 각 소자의 비 τ가 증가할수록 반 전력 빔폭(HPBW)은 증가하게 되며 각 소자의 법선 방향으로 두 개의 최대 빔이 발생한다. 그러나 이러한 구조를 갖는 안테나들은 소형화 추세를 요구하는 이동통신용 기기들에는 적합하지 못하다.

5.4 평면형 UWB 안테나

지향성 방사 특성을 갖는 UWB 안테나를 사용하면 펄스 파형의 왜곡을 나타내게 되므로 평면형 모노폴, 다이폴 또는 디스크 형태의 안테나가 주로 사용된다. [그림 5-3]에 여러 가지 모노폴 형태의 UWB 안테나 기본 구조를 나타내었다.

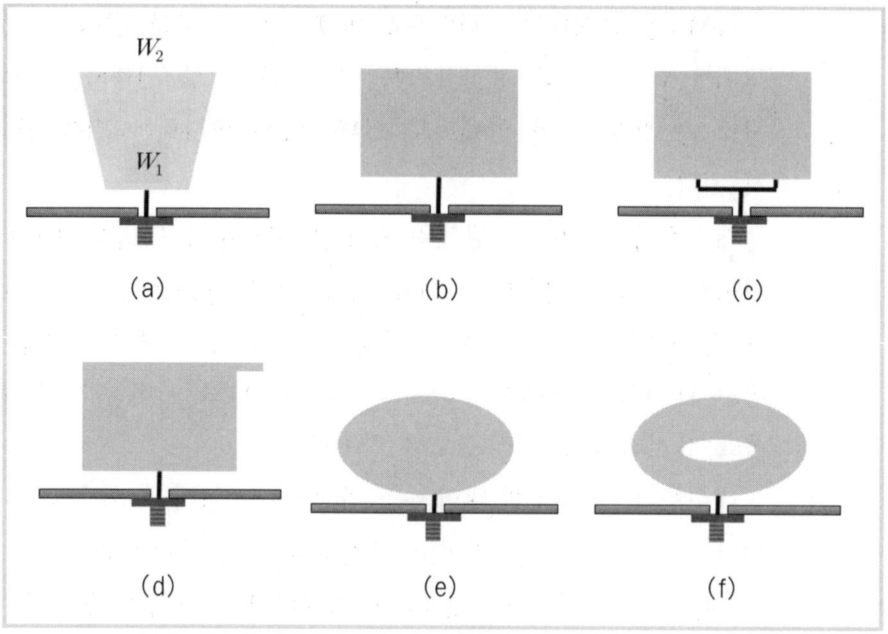

[그림 5-3] 모노폴 형태의 UWB 안테나 기본 구조

[그림 5-3 (a)]는 사다리꼴 형태의 모노폴 패치 안테나이며 패치의 밑변의 길이 W_1과 위변의 길이 W_2의 비 W_2/W_1의 값에 변화에 따라서 안테나의 대역폭이 변화하게 되며 $W_2/W_1=1$인 경우에는 [그림 5-3 (b)]와 같은 패치 모노폴안테나가 된다. 대략 $W_2/W_1 \approx 1.3$일 경우가 80[%] 정도의 대역폭을 나타내며 $W_2/W_1<1$인 경우에는 대역폭이 낮은 값을 나타내게 된다.

방사소자의 크기와 모양에 따라서 안테나의 대역폭 하한이 결정되며 안테나의 임피던스 정합은 커넥터 프로브와 방사소자 사이의 임피던스 변환에 의하여 변화한다. 임피던스 대역폭을 증가시키기 위하여 [그림 5-3 (c)]와 같이 U형태의 변환구조가 사용되기도 하며, 평면형 모노폴안테나의 높이를 줄이기 위하여 [그림 5-3 (d)]와 같은 도체 판이 안테나 상부에 부착되기도 한다.

이러한 안테나 구조는 커넥터 프로브에서 패치형 방사소자의 밑변 사이의 공간을 통하여 50[Ω]이 급전점 임피던스를 377[Ω]의 자유공간

임피던스로 임피던스 변환이 잘 이루어지도록 설계함이 중요하며 이를 위하여 직사각형 패치 방사소자를 원형 또는 타원형 형태로 [그림 5-3 (e)]와 같이 변형할 수 있다.

또한 [그림 5-3 (f)]에 나타낸 바와 같이 방사소자의 평면상에 슬롯이나 개구를 형성시켜 줌으로써 패치 도체 상의 전류분포를 변화시켜 안테나의 임피던스 대역폭을 더욱 개선시킬 수 있으며, 경우에 따라서는 저지대역을 발생시키는 구조로도 활용할 수 있게 된다.

[그림 5-4]에 PCB 모노폴안테나를 나타내었다. 일반적으로 마이크로스트립 안테나를 급전시키기 위하여 마이크로스트립 선로 또는 CPW (Coplanar Waveguide) 급전구조가 사용된다. 마이크로스트립 선로 급전 방식은 배열 안테나에 용이하게 사용되며 동일한 유전체의 가장자리에 급전을 하여 전체적인 구조를 평면으로 구현할 수 있다.

그러나 안테나의 방사에 급전구조가 방해를 줄 수 있는 구조이며 이는 교차편파(cross-polarization)를 증가시키는 문제점을 가진다. 이 구조는 유전체의 두께가 증가할수록 급전선의 폭이 증가하며 급전 방사에 바람직하지 못한 영향을 준다. 프로브 급전과 마이크로스트립 라인 급전의 경우 유전체의 두께가 두꺼울 경우 광대역을 얻는 데 좋은 급전구조이다.

(a) 마이크로스트립 급전 (b) CPW 급전 (c) CPW 급전 슬롯형

[그림 5-4] PCB 모노폴안테나

간접적인 급전 방법으로는 전자기적 급전과 CPW 급전이 있다. 전자기적 급전에 의한 방식은 안테나 급전구조 자체의 불필요 방사를 제거할 수 있으며 전체적인 유전체의 두께가 증가할수록 광대역을 얻는 구조이지만 안테나의 전체 두께가 증가하며 급전과 방사패치 사이의 정렬이 곤란하다.

CPW 급전의 경우 스트립라인과 그라운드가 동일 평면상에 존재하여 급전선과 그라운드 사이에 필드가 발생하여 완전한 TEM 모드를 구현할 수 있어 고주파에서 마이크로스트립 급전구조보다 좋은 전송특성을 가진다. 또한 일반적인 CPW의 경우 안테나 뒷면의 그라운드를 제거하여 급전선으로부터 전자장의 영향으로 복사소자로의 전달특성이 우수하다.

[그림 5-4 (a)]는 안테나의 방사소자를 접지면의 반대 평면에 위치시킨 구조이며 안테나를 시스템 회로의 다른 구조와 효과적으로 접속시켜 설계할 수 있는 구조이며, [그림 5-4 (b)]는 CPW(Coplanar Waveguide) 급전구조를 사용하여 급전 선로에서의 에너지 방사를 최소화시키는 동시에 동일 평면상의 접지면과 안테나 방사소자 사이의 갭을 통하여 공간상으로 에너지를 방사시키는 구조이다. 안테나의 대역폭을 더욱 더 확장시키기 위하여 슬롯 형태의 방사구조를 갖도록 한 구조를 [그림 5-4 (c)]에 나타내었다.

사용되는 모노폴 패치 방사소자의 형태는 사각형, 타원형 등의 여러 가지 형태로 설계될 수 있으며 설계 시에는 안테나 정합 문제 및 광대역 특성을 나타낼 수 있도록 안테나 구조가 고려되어야 한다. 그러나 유한한 접지면적을 갖는 PCB 안테나는 기본적으로 불평형 안테나 구조이므로 안테나의 형상, 크기 및 접지면적의 크기 등이 안테나 임피던스 및 방사 특성에 영향을 주므로 설계에 있어서 이러한 점들을 고려하여야 한다.

5.5 슬롯형 UWB 안테나 설계 예

단면의 마이크로스트립 기판에 CPW 급전구조를 갖는 UWB 안테나의 구조를 [그림 5-5]에 나타내었다. 기본 공진 모드의 고차 모드(high-order mode)를 발생시키기 위하여 슬롯의 길이에 따른 폭을 변화하여 설계하였다.

제안된 안테나는 방사슬롯의 비대칭적 구조를 구현하여 단일 슬롯에서 기본 공진 모드 외에 배수차 공진 모드를 형성하는 기법을 이용하여 광대역화 특성을 얻는다. 광대역 특성을 얻을 수 있으며 임피던스 정합이 용이한 CPW 급전과 곡선 테이퍼형 슬롯의 부설로 대역폭이 넓은 특성을 얻었다.

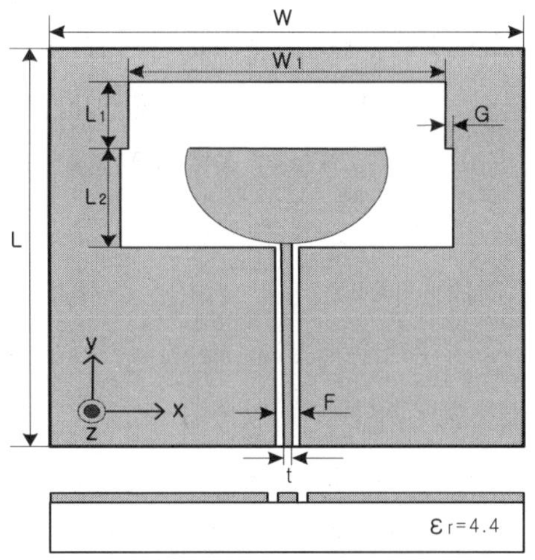

$L \times W = 60mm \times 60mm$, $L_1 \times W_1 = 10mm \times 40mm$, $L_2 = 15mm$
$G = 2mm$, $F = 4mm$, $t = 2.4mm$, 원반경 $= 15mm$

[그림 5-5] CPW 급전구조를 갖는 UWB 슬롯 안테나

또한 급전 종단부의 반원형 스터브에 의한 테이퍼형 슬롯 구조로 인해 슬롯의 폭이 점차 증가하는 형태로 여러 개의 공진 모드를 얻을 수 있기 때문에 다중공진으로 인한 광대역 효과를 나타내게 된다. 이는 슬롯의 길이 증가에 따라 슬롯 폭이 변화하여 얻는 효과를 이용한 구조이며, 곡선 테이퍼형 슬롯에 의해 광대역의 임피던스 정합을 이룰 수 있다.

CPW 급전 방식에 의해 입사된 신호는 그라운드와 급전선 사이의 슬롯에 전계를 형성하며 진행되고, 반원구조의 튜닝 스터브와 그라운드 사이의 비대칭 곡선 테이퍼 형태의 슬롯에 공진 모드를 형성시킨다. 이때 기본 공진 모드인 TE_{10}모드를 형성시키며 x축의 길이가 증가함에 따라 y축의 폭이 증가하여 다중의 공진 모드를 형성시킨다.

이처럼 비대칭 구조의 슬롯에 기본 공진 모드의 배수차 모드를 발생시켜 다중공진을 일으킨다. 곡선 테이퍼형 슬롯 구조는 CPW 급전 종단부의 스터브에서 직접 전달되어 전계가 형성되므로 설계 시 중요한 파라미터로 작용하게 된다.

안테나 제작에 FR-4 기판($\epsilon_r = 4.4, t = 1.6\text{mm}$)을 사용하였으며 CPW 급전 방식으로 급전선의 특성임피던스는 약 50[Ω]이고 측정된 안테나의 대역폭은 2.0[GHz]부터 25.9[GHz]까지의 광대역 특성을 나타내고 있다. 저주파 대역의 반사손실 특성을 개선하기 위해 추가적인 사각 슬롯을 부설하였으며, 사각 슬롯의 유무에 따른 반사손실 특성을 [그림 5-6]에 나타내었다. 추가적인 사각 슬롯을 부설하지 않았을 경우에는 공진주파수가 6.6[GHz]에서부터 시작하지만 추가적으로 사각 슬롯을 부설하였을 경우에는 공진주파수가 2.0[GHz]에서 시작하는 것을 알 수 있다.

사각 슬롯을 부설하지 않았을 경우 2.0~6.6[GHz] 대역에서의 공진 성분은 슬롯의 구조에 비해 긴 파장을 갖게 되며 이로 인해 슬롯에서 공진 모드를 형성하지 못하게 되므로, 추가적인 슬롯을 부설하여 긴 파장의 공진 모드가 슬롯에서 형성되도록 하였다. 추가적인 사각 슬롯 부설로 인하여 전체적인 안테나의 임피던스 대역폭은 약 4[GHz] 가량 증가함을 나타내었다.

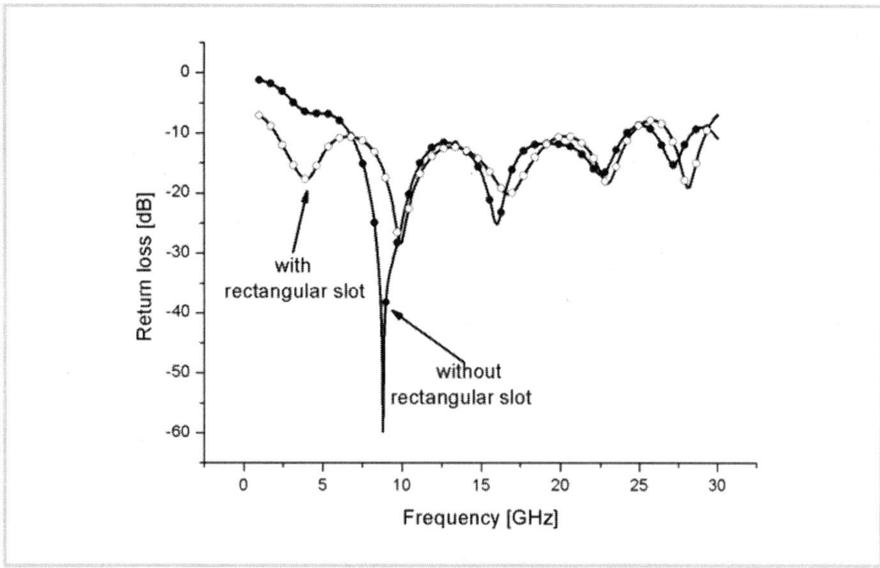

[그림 5-6] 사각 슬롯 부설 유무에 따른 반사손실(모의실험)

개별 공진 모드의 경우 슬롯의 방사구조에서 형성된 전계분포를 [그림 5-7]에 나타내었다. CPW 급전구조를 통해 입사된 표면전류는 곡선면을 갖는 슬롯 측으로 강하게 방사가 일어나며 이때 테이퍼형 슬롯에서 각각의 공진 모드가 형성되는 것을 볼 수 있다. 제안된 안테나에서 곡선 테이퍼형 슬롯은 x축의 길이 증가에 따라 y축의 폭이 증가하는 비대칭적인 슬롯의 구조로 인하여 여러 개의 공진 모드를 발생시킬 수 있음을 보여주며 그로 인해 제안된 안테나가 광대역 특성을 얻을 수 있는 구조임을 확인할 수 있다.

주파수 3.7[GHz]에서 단일 기본 공진 모드인 TE_{10} 모드가 형성되며 10[GHz]에서는 기본 모드의 2배 차수 모드가 발생하는 것을 볼 수 있다. 17[GHz]와 23[GHz]에서는 기본 TE_{10}의 3차, 4차 모드인 TE_{30}, TE_{40}가 발생한다. 이처럼 안테나의 비대칭 테이퍼형 슬롯에서 기본 공진 모드 외에 배수차 공진 모드의 형성을 가져오며 이는 안테나가 광대역 특성을 얻을 수 있음을 보여준다.

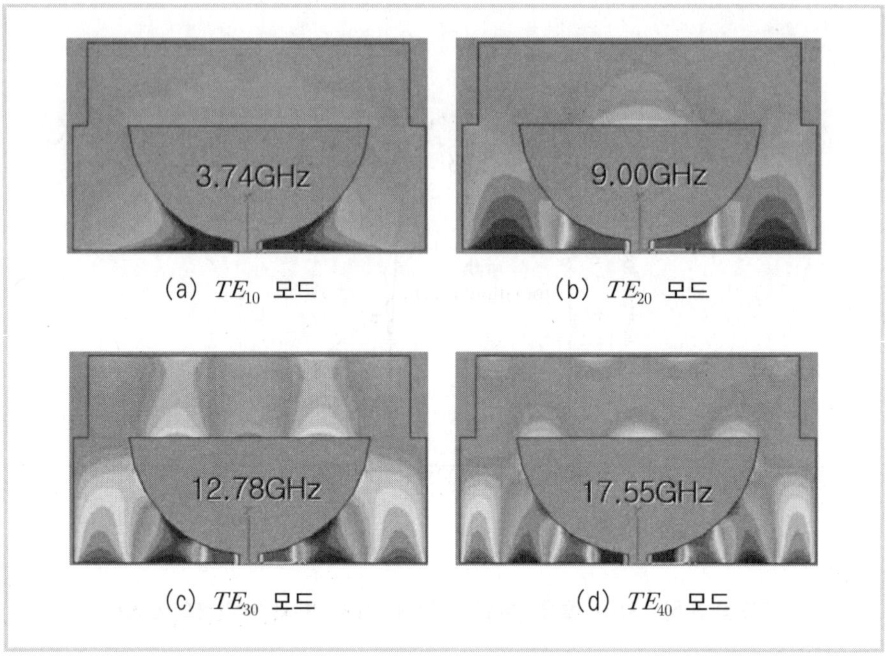

[그림 5-7] 개별 모드에 따른 전계분포

[그림 5-8]에 제안된 안테나의 시뮬레이션 된 복사패턴을 각각의 공진 모드별로 나타내었다. 사각 슬롯이 부설되어 공진이 일어나는 최저 주파수인 3.7[GHz]에서는 기본 공진 모드(TE_{10})가 형성되어 양호한 복사 패턴을 보이며 곡선 테이퍼형 슬롯의 y축 길이의 증가에 따른 구조적인 비대칭 영향으로 15°와 165° 부근에서 최대 방사를 이루게 된다.

또한 10[GHz], 17[GHz], 23[GHz]와 같은 기본 TE_{10}의 배수차 모드들의 복사 패턴은 약간의 일그러진 모습을 모인다. 이는 기본 모드의 배수차 모드로 증가함에 따라 null점이 형성되며 이로 인한 패턴의 왜곡으로 보인다. 제안된 안테나의 만족하는 임피던스 대역폭 내에 상대적인 고주파일수록 복사패턴의 왜곡이 점차 심해지며 이는 다중공진 모드의 상호간 간섭과 각 공진 모드의 특성에 의해 일어나는 현상으로 추측된다.

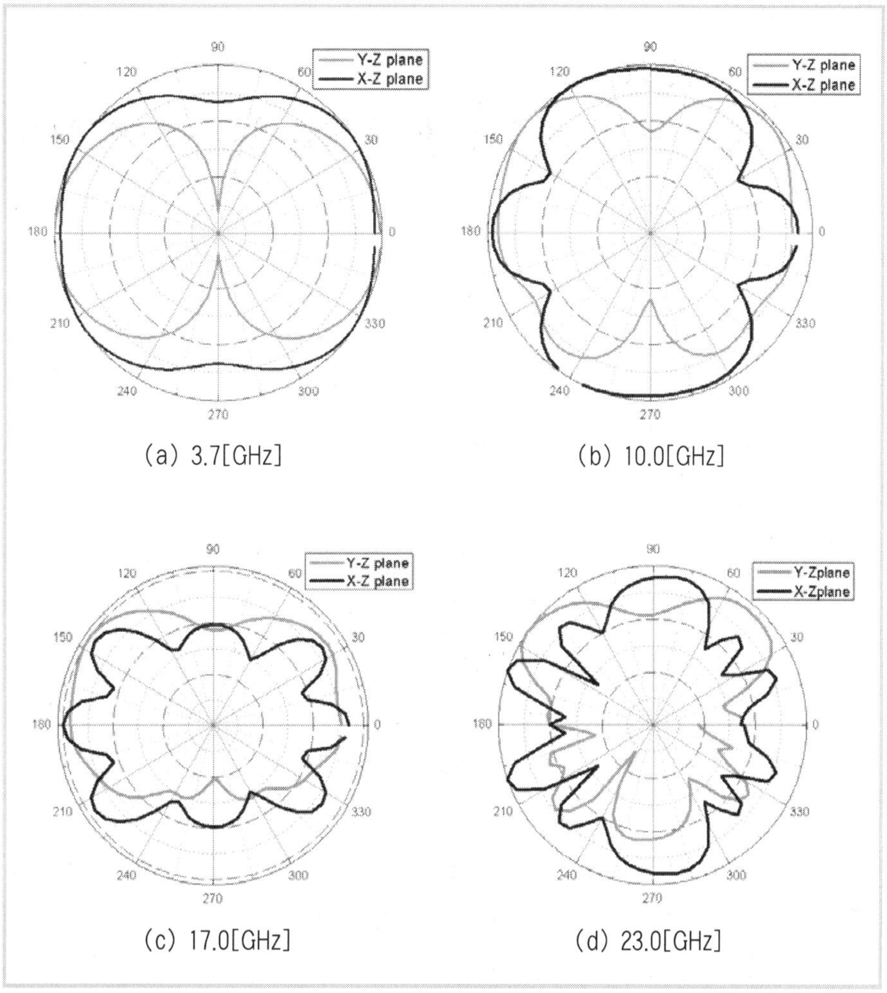

[그림 5-8] 광대역 슬롯 안테나의 방사패턴 (모의실험)

광대역 슬롯 안테나의 임피던스 대역폭을 만족하는 모든 대역에서 4[dBi] 이상의 이득을 보이고 있으며 특히 16[GHz]에서 25[GHz] 대역에서는 5[dBi] 이상의 이득을 보이고 있다. 안테나의 이득은 임피던스 대역폭을 만족하는 전 대역에서 4.75~6.54 [dBi] 사이의 이득 값을 가진다. 그러므로 제안된 안테나는 안테나의 이득 측면에서도 광대역 안테나로 사용이 가능할 것으로 사료된다.

5.6 개구 방사구조의 형태에 따른 슬롯 안테나 특성의 변화

앞 절에서 제안한 광대역 안테나의 경우 슬롯이 그라운드에 둘러싸인 구조로 방사효율이 낮은 특성을 나타내었다. 그러므로 슬롯에 의한 안테나의 방사를 좀 더 효율적으로 이루기 위해 슬롯을 둘러싼 그라운드를 제거하였다. 또한 슬롯을 자유공간과 정합을 이루는 구조는 안테나의 전체적인 크기를 감소시키는 주원인으로 작용하게 된다.

앞장에서 언급한 테이퍼된 구조의 특성을 비교하기 위하여 슬롯을 함수화하여 CPW 급전에 의한 슬롯 안테나를 구현하였다.

안테나의 비교는 직선형 테이퍼 슬롯, 반원형 테이퍼 슬롯, 파라볼릭(parabolic) 테이퍼 슬롯, 사인(sine) 테이퍼 슬롯, 그리고 익스포넨샬(exponential) 테이퍼 슬롯을 비교하였다.

테이퍼 곡선에 대한 완벽한 비교를 위해서는 슬롯을 무한히 크게 하여 슬롯의 곡선이 부드럽게 진행되어야 하나 소형의 안테나를 구현하는 동시에 양호한 안테나 특성을 얻기 위해 안테나의 전체적인 크기는 원하는 대역폭의 중심주파수에 $\lambda_g/4$ 크기인 24mm×24mm의 크기로 동일하게 하여 반사손실과 안테나의 전체적인 효율을 비교하였다.

여러 가지 테이퍼 곡선 슬롯을 갖는 안테나를 [그림 5-9]에 나타내었다.

여러 가지 형태의 테이퍼 슬롯 안테나의 특성을 비교하여 본 결과 직선형 테이퍼 슬롯 안테나와 사인 테이퍼 슬롯 안테나는 임피던스 대역폭(VSWR≤2)을 만족하지 못하였으며 효율도 저조한 것으로 드러났다. 그러나 파라볼릭, 반원, 익스포넨샬 형태의 테이퍼 슬롯 안테나의 경우에는 UWB 안테나로 적합한 특성을 임피던스 대역폭과 방사효율 측면에서 나타내었다. 특히 익스포넨샬 테이퍼 슬롯 안테나의 경우 2.8[GHz]부터 임피던스 대역폭을 만족하였으며 안테나의 방사효율 면에서도 90[%] 이상의 우수한 특성을 나타내었다.

슬롯 안테나의 방사소자인 테이퍼 슬롯의 x축 증가에 따른 y축의 증가 정도에 따라 안테나의 임피던스는 변화하게 된다. 이때 안테나의 50[Ω] 급전선로 부분에서 테이퍼 슬롯을 따라 안테나 종단부의 자유공간까지 부드럽게 임피던스가 변화하여야 한다.

직선형과 사인 테이퍼 슬롯 안테나의 경우 슬롯의 폭 변화가 급격히 일어나기 때문에 방사형 구조로는 적합하지 않다는 것을 알 수 있다. 또한, 익스포넨샬 테이퍼 슬롯 안테나의 경우 파라볼릭과 반원 테이퍼 슬롯 안테나보다 우수한 특성을 나타내는 것으로 보아 임피던스 변화가 좀 더 부드럽게 진행되는 것을 확인할 수 있다.

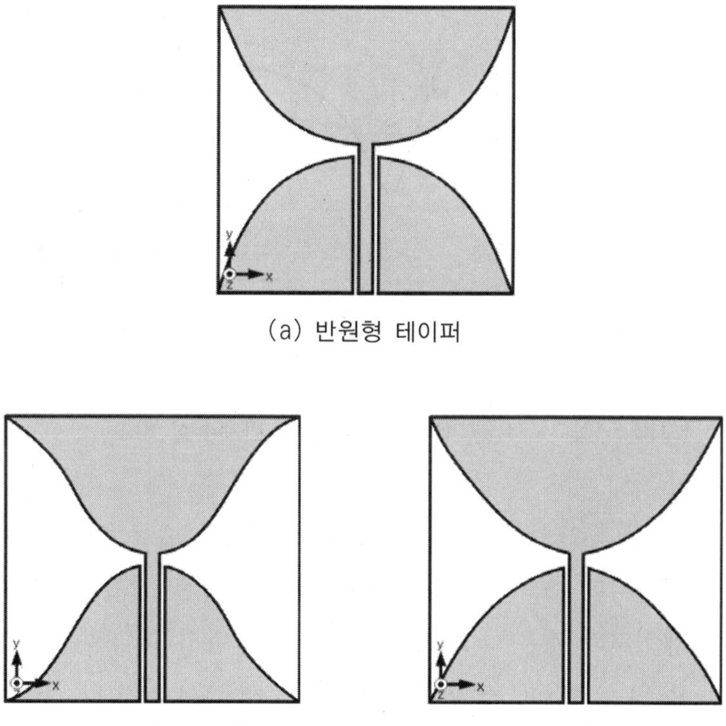

(a) 반원형 테이퍼

(b) sine형 테이퍼

(c) exponential형 테이퍼

[그림 5-9] 여러 가지 형태의 테이퍼 슬롯 안테나

그러나 비교된 테이퍼 슬롯 안테나의 경우 무한히 긴 슬롯의 변화에 따른 안테나의 특성이 아닌 소형화 안테나에 접목시켰을 경우이므로 중심주파수의 파장 λ_g보다 작은 안테나에서 적용되는 결과이다.

비교된 테이퍼 슬롯 안테나의 반사손실 비교 그래프를 [그림 5-10]에 나타내었다. 슬롯의 구조에 의해 직선형 슬롯 안테나의 경우 가장 좋지 않은 결과를 보이고 있으며 사인 테이퍼, 파라볼릭 테이퍼 순으로 양호한 결과를 보인다. 반원 테이퍼와 익스포넨샬 테이퍼의 경우 비슷한 반사손실 결과를 갖지만 안테나의 방사효율 측면에서 익스포넨샬 테이퍼의 경우 보다 우수한 결과를 갖는다.

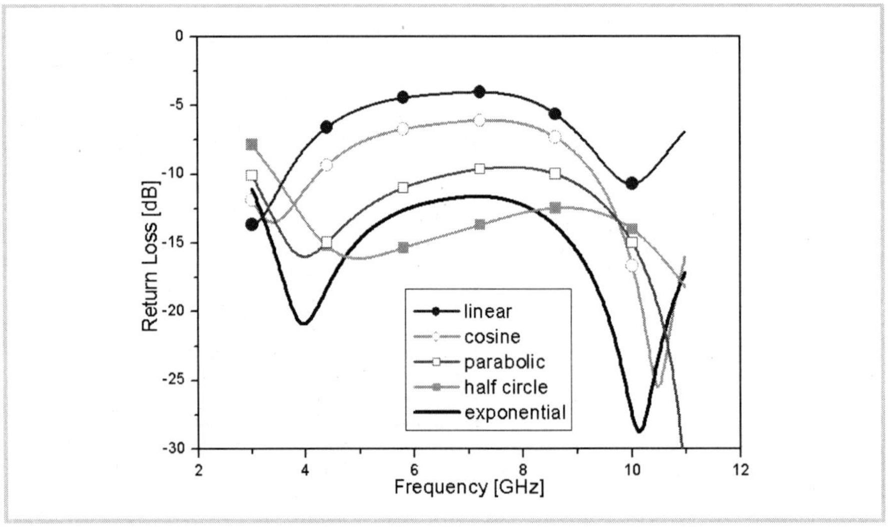

[그림 5-10] $\lambda_g/4$ 크기의 슬롯일 경우 반사손실 비교

〈표 5-2〉는 여러 가지 형태의 테이퍼 슬롯 안테나의 특성을 비교한 결과이다. 5가지 형태의 테이퍼를 비교한 결과 직선형 테이퍼와 사인 테이퍼의 경우 −10[dB] 이하의 임피던스 대역폭을 만족하지 못하였으며 방사효율도 상당히 저조한 결과를 나타내었다. 또한 약 1[dBi]의 이득을 보이고 있어 안테나의 방사소자로써 적당하지 않은 슬롯의 형태임을 보여주고 있다.

<표 5-2> 여러 가지 형태의 테이퍼 슬롯 안테나 특성 비교

안테나 특성 / 테이퍼 종류	임피던스 대역폭 (−10dB 기준)	방사효율 (%)	이득 (dBi)
직선형 테이퍼	−10[dB] 만족 못함	83~84	1.56
사인 테이퍼	−10[dB] 만족 못함	81~86	1.98
파라볼릭 테이퍼	2.9[GHz]~	84~90	2.04
반원형 테이퍼	3.4[GHz]~	85~92	2.61
익스포넨샬 테이퍼	2.8[GHz]~	90~95	3.70

그러나 파라볼릭 테이퍼, 반원형 테이퍼, 익스포넨샬 테이퍼 슬롯의 경우 약 3[GHz]부터 임피던스 대역폭을 만족하였으며 약 90[%]의 효율과 2[dBi] 이상의 이득을 보였다. 익스포넨샬 테이퍼의 경우에는 가장 넓은 임피던스 대역폭과 90[%] 이상의 방사효율, 3.7[dBi]의 안테나 이득을 보여 비교된 테이퍼 슬롯 중 가장 우수한 특성을 나타내었다.

제안한 익스포넨샬 테이퍼 슬롯 안테나의 구조를 [그림 5-11]에 나타내었다.

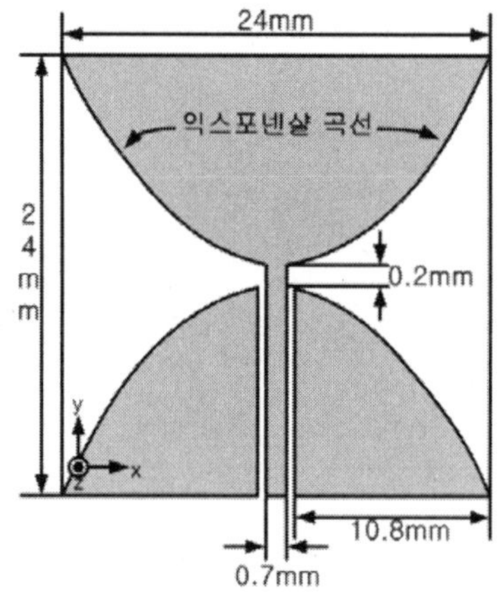

[그림 5-11] 익스포넨샬 테이퍼 슬롯 안테나

안테나의 크기는 UWB 주파수 대역 중심주파수의 $\lambda_g/4$ 길이의 슬롯을 갖도록 설계하였다. 또한 기본 공진 모드(dominant resonance mode)가 발생되는 부분이며 급전선과 슬롯의 정합부에 약 0.2mm의 간격을 두어 급전부에서 테이퍼 슬롯으로의 전계 형성이 용이하도록 하였다. 안테나의 급전은 광대역에 유리한 CPW 구조를 선택하였으며 50[Ω]의 라인 임피던스를 갖는다.

[그림 5-11]에 나타난 익스포넨샬 테이퍼 슬롯 안테나의 반사손실을 [그림 5-12]에 나타내었다.

2.8[GHz]에서부터 임피던스 대역폭(VSWR≤2)을 만족하였으며 기본 공진 모드는 약 4[GHz]에서 발생하였고 고차 모드(high order mode)는 약 10[GHz]와 14.5[GHz]에서 발생하였다. 또한 공진 모드가 발생하는 주파수에서 −20[dB] 이상의 양호한 특성을 나타내었다. 그러므로 제안된 익스포넨샬 테이퍼 슬롯 안테나는 임피던스 대역폭 측면에서 광대역을 이루어 UWB 안테나로써 사용이 가능하다.

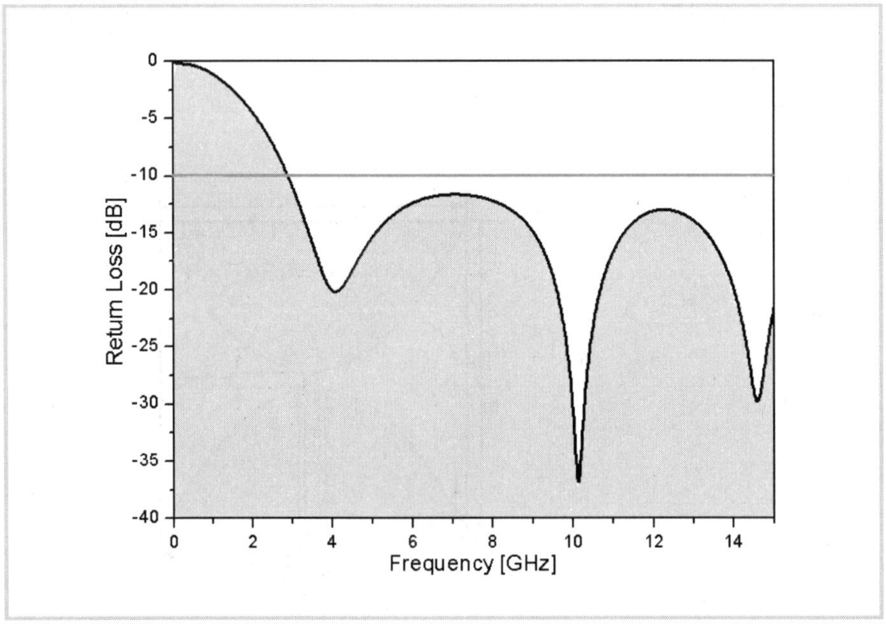

[그림 5-12] 제안된 익스포넨샬 테이퍼 슬롯 안테나의 반사손실(모의실험)

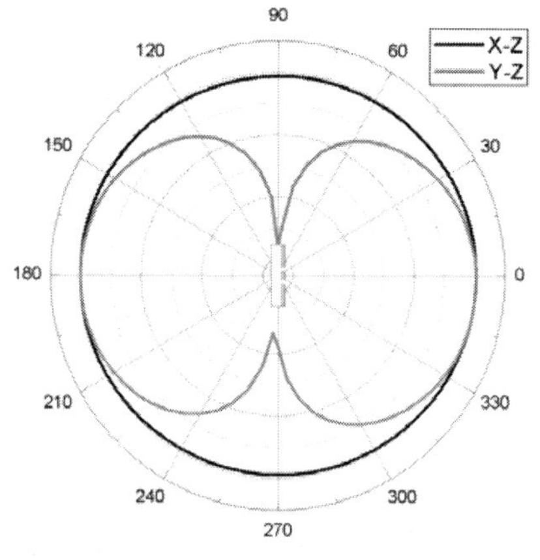

(a) TE_{10} MODE

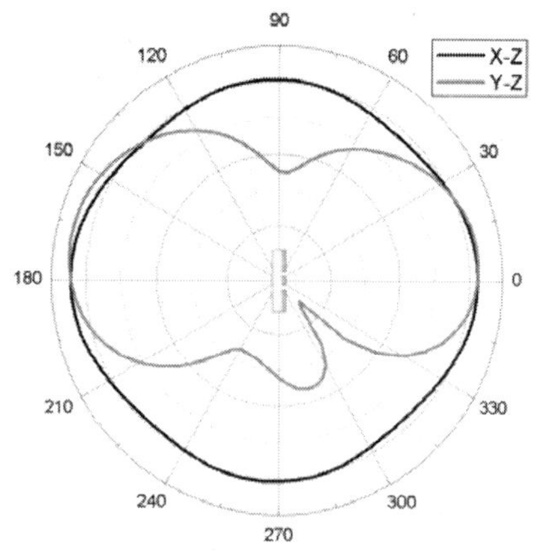

(b) TE_{20} MODE

[그림 5-13] 익스포넨샬 테이퍼 슬롯 안테나의 방사패턴(모의실험)

제안된 익스포넨샬 테이퍼 슬롯 안테나의 방사패턴을 [그림 5-13]에 나타내었다. CPW 급전을 통해 전가된 신호는 테이퍼 슬롯을 따라 자유공간으로의 방사가 이루어지며 방사패턴은 양호한 특성을 보이고 있다. 기본 공진 모드의 Y-Z 평면에서는 안테나의 엔드 파이어(end-fire) 방향으로의 방사패턴을 이루고 있다. X-Z 평면에서는 등방성의 양호한 패턴이 나타나며 슬롯 안테나의 일반적인 방사패턴을 보이고 있다. 기본 공진 모드에서의 주 빔은 급전부의 구조적 특성상 약 5° 정도 −y 축으로 기울어져 있으며 3[dB] 빔 폭은 84°의 넓은 패턴을 보이고 있다. 그러나 고차 모드에서의 방사패턴은 Y-Z 평면상 부엽이 발생되며 X-Z 평면에서도 약간의 일그러진 패턴을 보인다. 3[dB] 빔 폭은 60.5°를 나타내었으며 기본 공진 모드에 비해 저조한 빔 폭을 갖는다.

익스포넨샬 테이퍼 슬롯 안테나의 전계분포를 [그림 5-14]에 나타내었다. 기본 공진 모드인 TE_{10} 모드에서는 CPW 급전부에서 전달된 신호가 익스포넨샬 슬롯에서 전계가 강하게 분포되는 것을 확인할 수 있다. 또한 고차 모드에 의해 TE_{20} 모드에서는 2개의 필드가 생성되는 것을 알 수 있다. 이는 슬롯 안테나에서의 일반적인 광대역 특성이 발생되는 원리를 잘 보여주고 있다.

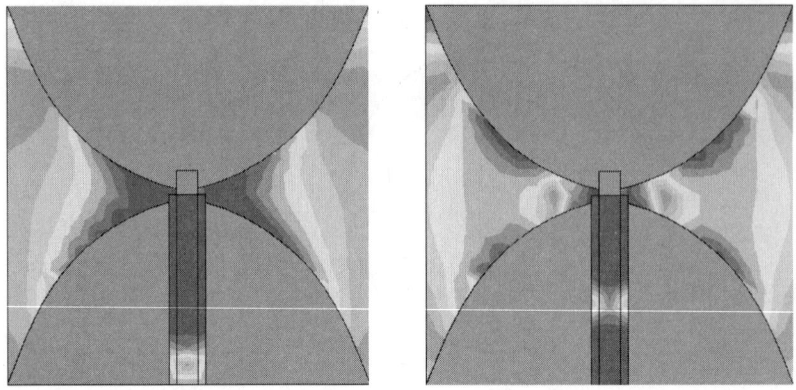

(a) TE_{10} MODE (b) TE_{20} MODE

[그림 5-14] 익스포넨샬 테이퍼 슬롯 안테나의 전계분포

5.7 저지대역 특성을 갖는 테이퍼 슬롯 안테나 설계

앞서 언급한 익스포넨샬 테이퍼 슬롯 안테나는 UWB 시스템에 적용 가능하다. 안테나의 반사손실과 방사패턴이 우수한 특성을 나타내었다. 그러나 UWB 시스템의 경우 IEEE 802.11a(5.15~5.35GHz, 5.725~5.825GHz)와 Europe ETSI HIPERLAN/2(5.15~5.35GHz, 5.47~5.725GHz) 시스템의 주파수 대역을 포함하고 있기 때문에 두 시스템 간의 간섭을 최대한 줄여야 하는 문제를 안고 있다.

저지대역을 확보하기 위해서는 제안된 익스포넨샬 테이퍼 슬롯 안테나의 급전부에 저지대역 필터 구조를 삽입하는 경우와 안테나 자체에 원하는 대역의 필드를 구조적으로 억압하는 방법이 있다. CPW 급전부에 저지대역 필터를 삽입하는 방법은 안테나의 크기가 작은 경우 접지면을 충분히 확보하기 어렵기 때문에 원하는 특성을 얻기 힘들다.

그러므로 안테나에서 저지대역을 형성하기 위하여 슬롯을 형성하는 튜닝 스터브에 구조적인 변화를 가하였다. 튜닝 스터브의 중심에 저지 주파수인 약 5.5[GHz]의 $\lambda_g/2$ 길이의 원둘레를 갖는 원형 슬롯을 부설하였다. 저지대역 특성을 갖는 안테나의 설계는 앞장에서 제안한 익스포넨샬 테이퍼 슬롯 안테나의 특성을 최대한 유지하며 저지대역을 갖도록 설계하였다.

저지대역 특성을 갖는 익스포넨샬 테이퍼 슬롯 안테나를 [그림 5-15]에 나타내었다. FR-4($\epsilon_r = 4.4$, $t = 1.6$mm) 단면 기판을 사용하여 50[Ω] CPW 급전구조를 이용하였다. 저지대역의 대역폭을 만족하기 위해 원형 링 슬롯의 외부 반경은 5.2[mm], 내부 반경은 5[mm]로 설계하였다.

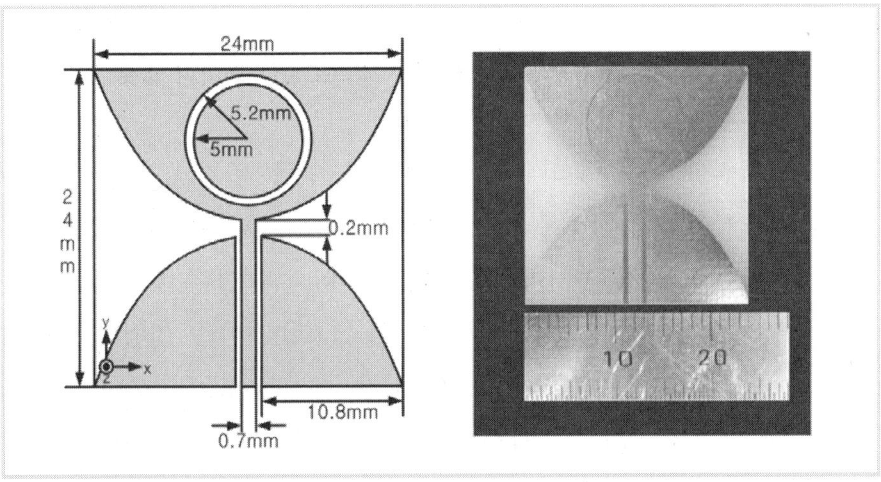

[그림 5-15] 저지대역 특성을 갖는 익스포넨샬 테이퍼 슬롯 안테나

[그림 5-15]에 제시된 저지대역 특성을 갖는 익스포넨샬 테이퍼 슬롯 안테나의 반사손실 특성을 [그림 5-16]에 나타내었다. 앞서 제안한 익스포넨샬 테이퍼 슬롯 안테나의 반사손실 특성 중 저지대역에서 요구된 특성을 보이고 있다. 원형 링 슬롯의 부설은 기존의 저지대역 특성을 갖는 안테나에서의 큰 문제점 중 하나인 저지대역폭을 조절하기 위한 기술적인 어려움을 개선한 구조이다.

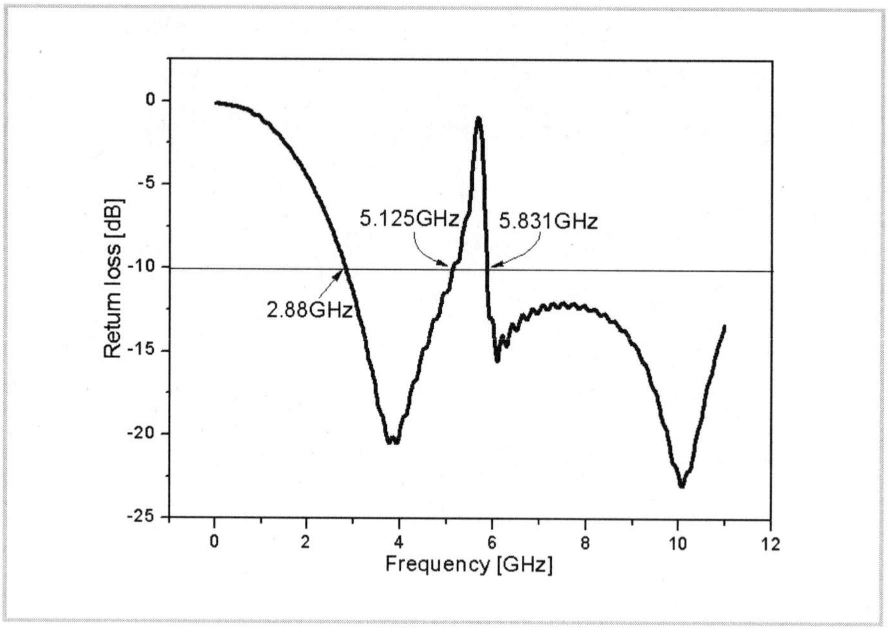

[그림 5-16] 저지대역 특성을 갖는 익스포넨샬 테이퍼 슬롯 안테나의 반사손실

원형 링 슬롯의 바깥쪽 반경과 안쪽 반경을 조절함으로써 대역폭 조절이 가능하도록 설계하였다. 바깥쪽 원주를 5.15[GHz]에서의 $\lambda_g/2$ 길이로 설계하여 약 5.2[mm]를 얻었으며 안쪽 원주를 5.825[GHz]에서의 $\lambda_g/2$ 길이로 설계하여 약 5[mm]의 길이를 얻었다. 제안된 안테나의 반사손실(SWR$\leq$2)은 2.88[GHz]에서부터 만족하였으며 저지대역은 5.125[GHz]부터 5.831[GHz]까지의 대역폭을 얻었다.

[그림 5-17]과 [그림 5-18]에 제안된 안테나의 공진 모드가 발생하는 주파수에서의 전계분포(E-field)와 저지대역에서 표면전류 분포를 나타내었다.

기본 공진 모드와 2차 공진 모드에서는 익스포넨샬 테이퍼 슬롯에 전계가 강하게 분포되는 것이 확인된다. 기본 공진 모드에서는 단일한 전계가 슬롯에 분포되어 있으며 2차 공진 모드에서는 2개의 전계분포가 존재한다. 이는 슬롯 안테나의 다중공진 모드에 의해 광대역을 형성하는 기본 이론이 된다.

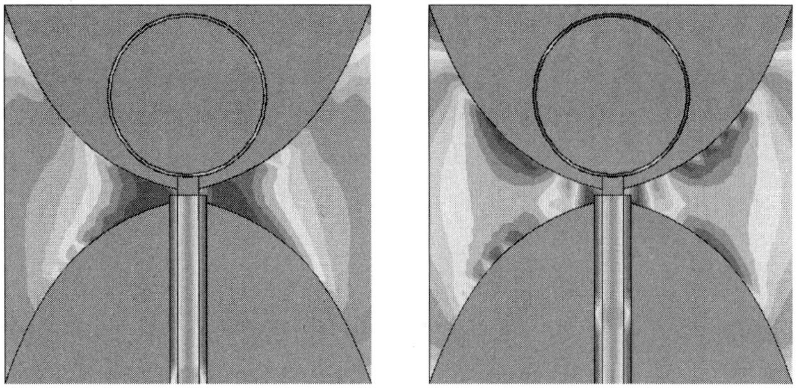

(a) TE_{10} MODE (b) TE_{20} MODE

[그림 5-17] 공진 모드에서의 전계분포

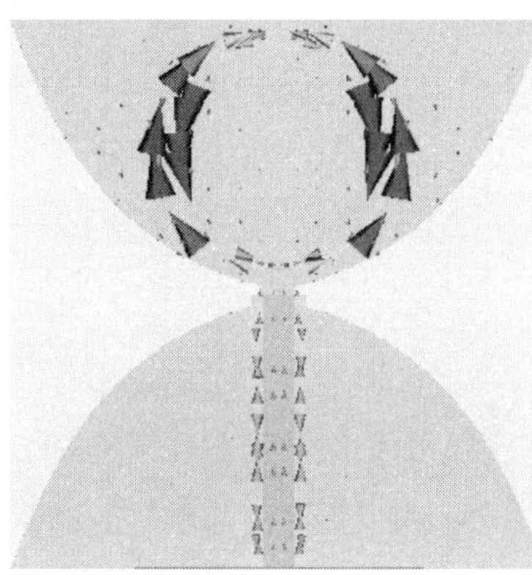

[그림 5-18] 저지대역에서의 표면전류 분포

제안된 안테나의 저지대역에서 표면전류 분포는 부설된 원형 링 슬롯에 집중적으로 분포되는 것을 확인할 수 있다. CPW 급전에 의해 전달된 신호는 테이퍼 슬롯을 통하여 자유공간으로의 방사가 이루어져야 하지만 원형 링 슬롯 주위에 약 5.5[GHz]에서 표면전류가 강하게 집중되게 된다. 그러므로 익스포넨샬 테이퍼 슬롯을 통하여 방사되는 5.5[GHz]의 전계는 존재하지 않는다. 또한 저지대역에서의 반사손실 특성은 −1[dB] 정도의 우수한 특성을 나타낸다. 제안된 저지대역 특성을 갖는 구조는 저지대역 특성뿐만 아니라 저지대역의 대역폭까지 조절할 수 있는 기술이 포함된 설계이다.

[그림 5-19]에 제안된 안테나의 방사패턴을 나타내었다. 방사패턴은 안테나의 반사손실 특성이 가장 양호한 3.93[GHz]와 10[GHz]의 공진점에서 나타내었다. 3.93[GHz]의 기본 공진 모드에서 Y-Z 평면은 방향성을 가진 양방향성 패턴을 보이고 있고, X-Z 평면은 전방향 패턴을 보인다. 또한 기본 공진 모드의 2차 공진 모드가 발생하는 10[GHz]에서는 영(null)점이 형성되어 Y-Z 평면에서도 양방향성의 패턴을 보이고 있다.

X-Z 평면은 기본 공진 모드에서와 동일한 양호한 패턴을 보이고 있다. Y-Z 평면에서 null 점이 발생하는 것을 볼 수 있으나 주 빔에 비해 크기 레벨이 극히 작아 안테나의 패턴에는 크게 영향을 주지 않는다. 기본 공진 모드에서의 주 빔은 급전구조의 영향으로 −y 방향으로 약 5° 기울어져 있으며 3[dB] 빔 폭은 약 84.6°를 나타내었고, 2차 공진 모드에서는 63.1°의 3[dB] 빔 폭을 갖는다.

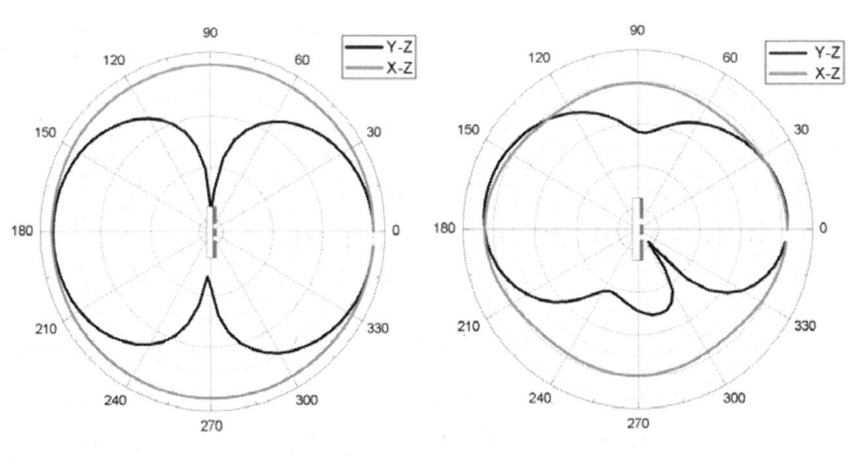

(a) TE_{10} MODE (b) TE_{20} MODE

[그림 5-19] 저지대역 특성을 갖는 익스포넨샬 테이퍼 슬롯 안테나의 방사패턴

Chapter 6

메타물질 구조 안테나

6.1 개 요

일반적인 자연계 상에 존재하는 물질은 양의 유전율(ϵ)과 양의 투자율(μ)을 가지며 음의 유전율이나 음의 투자율을 갖는 매질은 일반적인 자연계 상에 존재하지 않는다. 그러나 1967년에 Victor Veselago는 음의 유전율과 음의 투자율을 동시에 갖는 물질이 존재하는 경우에 대한 전자기파의 현상을 이론적으로 적립하였다.

그 후 Pendry에 의해 제안된 플라즈마 형태의 음의 유전율과 양의 투자율을 갖는 구조가 제시되었으며 Smith가 이들을 조합하여 특정 주파수에서 음의 유전율과 음의 투자율을 갖는 인공적인 균질적 구조를 갖는 매질을 제시하였다.

따라서 전자기적 구조를 이용하여 특정 주파수에서 자연계 상에 존재하지 않는 음의 유전율이나 음의 투자율을 구현할 수 있게 되어 최근에 국내 및 해외에서 메타물질 구현에 대한 연구가 활발히 진행되고 있다.

자연계에 존재하지 않으나 실효 매질적 관점에서 음의 유전율 또는 음의 투자율을 갖는 인공 매질인 메타물질을 좁은 의미로 해석하면 메타물질 내에 전파진행 시 후방파(backward wave) 현상과 음의 굴절률을 갖는 매질로 간주하지만, 넓은 의미의 메타물질의 개념으로 접근하면 반사파 관점에서 음의 유전율 또는 음의 투자율인 매질에서도 음의 굴절률을 갖는 현상이 나타나게 된다.

따라서 음의 유전율과 음의 투자율을 동시에 갖는 매질뿐만 아니라 음의 유전율 또는 음의 투자율을 갖는 매질도 광의의 메타물질로 간주할 수 있다.

2002년에 메타물질 구조(Meta-material structure)를 해석하기 위하여

Caloz와 Itoh에 의해 음의 유전율과 투자율의 매질 특성을 전송선로 이론을 기반으로 한 CRLH(Composite Right/Left Handed) 전송선로를 제시하여 회로적 분석을 통하여 메타물질 구현을 용이하게 하였다.

메타물질 구조를 안테나에 응용하기 위한 연구들을 살펴보면, 2006년에 Ziolkowski에 의해 메타물질 구조를 정합소자로 사용하는 개념을 토대로 소형 안테나의 이득과 대역폭을 향상시키는 연구가 제시되었으며, 음의 유전율 또는 음의 투자율을 갖는 SNG(Single NeGative) 메타물질 특성을 나타내는 주파수 선택적 표면(frequency selective surface : FSS)을 이용하여 단위 셀들의 주기적인 배열을 통한 굴절률의 변화를 통하여 안테나의 에너지를 지향성 방사할 수 있는 연구가 발표되었다.

6.2 메타물질 구조

인공적인 플라즈몬에 의하여 음의 유전율을 구현하는 얇은 도선구조(thin-wire)와 인공 자기구조(SRR)를 이용하여 역 기전력을 바탕으로 구현된 음의 투자율을 이용할 수 있음을 보였다. 이러한 구조를 이용하여 4개의 전기적 특성을 갖는 매질로 접근할 수 있다.

실효적인 부피를 갖는 매질은 균일해야 하기 때문에 메타물질 구조의 간격은 관내파장 λ_g보다 훨씬 작은 값을 갖는 구조이어야 하며 구조 간의 간격이 적어도 파장의 1/4보다 작아야 한다. 메타물질 구조 간의 평균 간격이 이 조건을 만족할 경우 입사파가 메타물질 구조로 이루어진 실효 매질 내로 진입할 때 굴절현상이 산란 또는 회절현상보다 우세하게 되므로 음의 굴절률을 갖는 매질로 볼 수 있다.

따라서 메타물질 구조는 실효 매질로서 입사파의 진행 방향을 따라 전자기적으로 균일한 형태를 나타내게 되며, 이 경우에 굴절률은 식 (6.1)과 같다.

$$n = \pm\sqrt{\epsilon_r \mu_r} \tag{6.1}$$

[그림 6-1]에 $\epsilon - \mu$ 값에 따른 굴절률(n)의 특성을 나타낸다. 유전율과 투자율의 부호에 대한 조합은 (+, +), (+, −), (−, +), (−, −)의 4개 조합을 이루게 된다. 이중에서 (+, −), (−, +), (−, −) 조합은 음의 굴절률을 가지게 되며 (+, −)와 (−, +)는 허수성분을 (−, −)는 실수성분을 나타내게 된다. (−, +), (+, −)의 균일 매질 조건을 만족하도록 설계된 메타물질 구조를 SNG(Single Negative) 메타물질 구조라 한다.

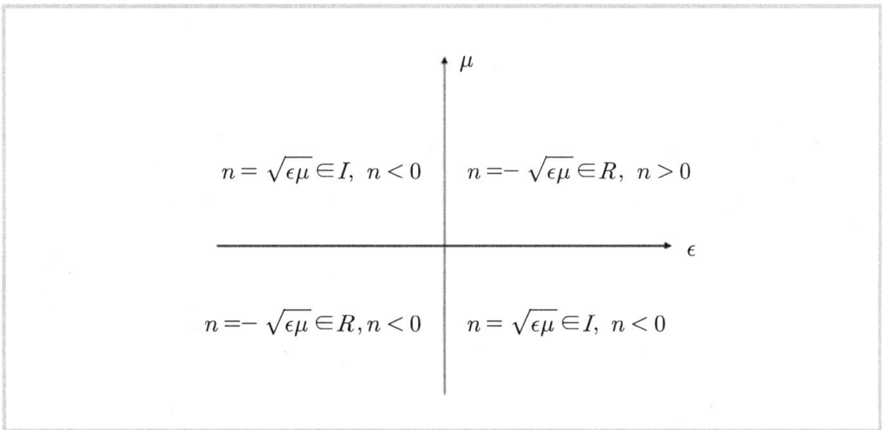

[그림 6-1] $\epsilon - \mu$ 부호에 따른 굴절률 (n)의 특성

SNG 메타물질 구조에 평면파가 입사될 경우 소멸파가 발생하게 되며 전파가 진행되지 못하는 특성을 나타낸다. (−, −)의 조합은 음의 유전율을 갖는 SNG 메타물질 구조와 음 투자율을 갖는 SNG 메타물질 구조를 동시에 구현하므로 구현할 수 있으며 이를 DNG(Double Negative) 메타물질 구조 또는 LH(Left Handed) 메타물질 구조라 한다.

[그림 6-2]에 유전율과 투자율의 부호에 따른 전파진행 특성을 나타내었다. 음의 유전율이나 음의 투자율을 갖는 매질을 통과하는 전파 특성을 살펴보면 진행하면 할수록 감쇄되는 특성을 나타내어 Evanescent wave라 하며 음의 유전율과 음의 투자율을 동시에 갖는 매질에서는 Backward-wave라 한다. Backward-wave는 위상속도는 음수를 갖지만 군속도(v_g)는 양수를 가지므로 전력은 양의 방향으로 진행하고 위상만이 음의 방향으로 진행된다.

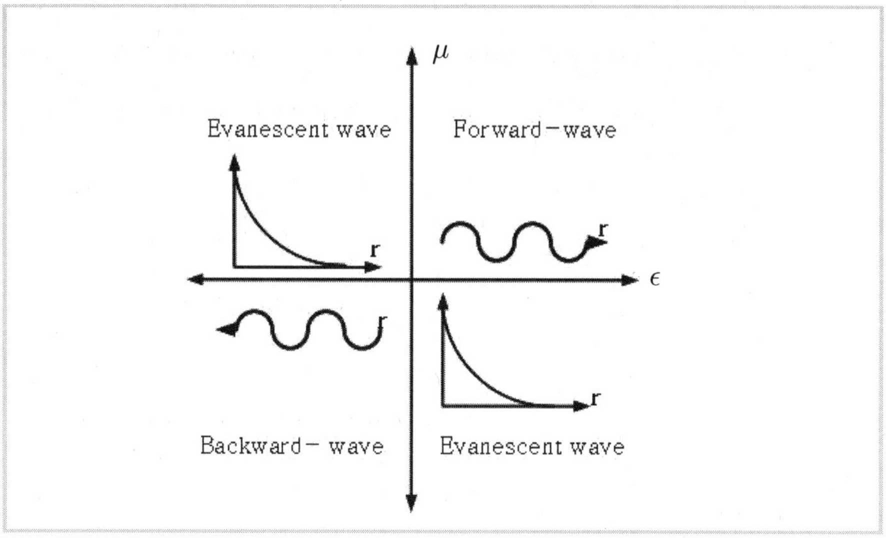

[그림 6-2] 유전율과 투자율의 부호에 따른 전파진행 특성

6.3 CRLH 전송선로

메타물질(Meta-material)이란 자연계에서 흔히 볼 수 없는 특수한 전자기적 성질을 나타내도록 인공적으로 합성된 물질을 통칭하는 용어이다.

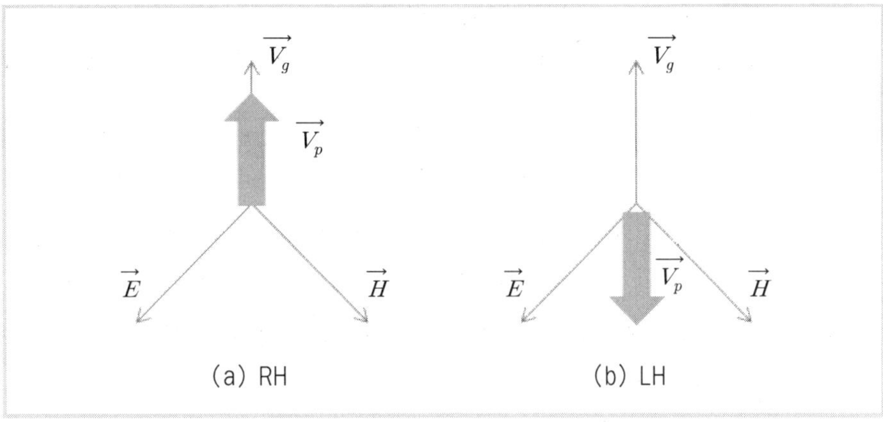

[그림 6-3] RH 매질과 LH 매질의 전파진행

LH 메타물질 구조의 가장 큰 특성은 후방파(backward wave) 특성이며 [그림 6-3]에 RH(Right Handed) 매질과 LH 매질 내에서 전파진행을 비교하였다. RH 매질에서는 군속도와 위상이 일치하지만 LH 매질에서는 군속도와 위상이 반대되는 특성을 나타낸다.

[그림 6-3 (a)]에서 나타낸 것처럼 유전율과 투자율이 모두 양의 값을 갖는 통상적인 매질에서는 전자파의 파 벡터(Wave Vector) $\vec{\beta}$로 표현되는 위상 속도와 포인팅 벡터로 나타나는 에너지 전달 방향 군속도 $\vec{S}$가 서로 일치하며, 전계 및 자계 그리고 전파의 진행 방향은 오른손 법칙에 따른다.

그러나 유전율과 투자율이 모두 음의 값을 가지면 [그림 6-3 (b)]에서 볼 수 있는 것처럼 전자파의 위상 속도와 포인팅 벡터로 나타나는 에너지 전달 방향이 서로 반대 방향으로 되어 전자파의 군속도와 위상속도가 서로 반대 부호를 가지는 역방향 파로 진행하게 된다. 이 경우 전계와 자계 그리고 전자파의 방향은 왼손법칙을 따르게 되므로 이를 Left-Handed Material(LHM)이라고 부른다.

마이크로파 분야에서 LH 전파 현상의 실제적인 응용은 주로 전송선로 방식 LHM 구조에 기반을 두고 있다. [그림 6-4]와 [그림 6-5]에 각각 RH 및 LH 전송선로의 등가회로와 전송 특성을 나타내었다. [그림 6-4

(a)]는 RH 전송선로의 등가회로로서 일반적인 전송선로의 등가회로로 단위길이에 대한 직렬로 인덕턴스 L_R'과 단위길이에 대한 병렬 커패시턴스 C_R'이 나타난다. [그림 6-5 (a)]는 LH 전송선로의 등가회로로 RH 전송선로의 직렬 인덕턴스와 병렬 커패시턴스를 서로 바꾸어 구성된다.

단위길이에 대한 직렬로 커패시턴스 C_L'과 단위길이에 대한 병렬 인덕턴스 L_L'로 나타난다. 여기서 C_L'는 직렬 커패시턴스 성분을 임피던스로 표현하기 위해 사용한 기호로서 임의의 길이 Δz를 갖는 LH 전송선로의 커패시턴스 성분을 C_L이라 하면 임피던스 값은 $1/j\omega C_L$이며 단위길이에 대한 임피던스 값으로 표현하면 $1/j\omega C_L \Delta z$이다. 여기서, C_L'은 식 (6.2)와 같이 정의된다.

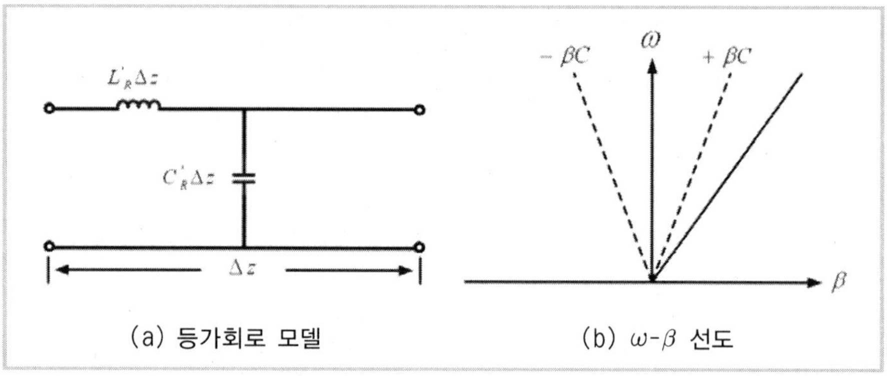

[그림 6-4] RH 전송선로 등가회로 및 ω-β 선도

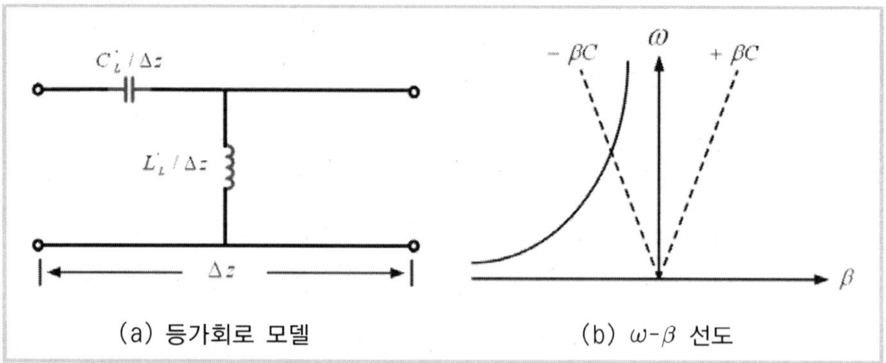

[그림 6-5] LH 전송선로 등가회로 및 ω-β 선도

$$C_L' = C_L \Delta z \tag{6.2}$$

또한 병렬 인덕턴스 L_L'은 어드미턴스로 표현하기 위해 사용한 기호로서 임의의 길이 Δz를 갖는 LH 전송선로의 병렬 인덕턴스를 L_L이라 하면 임피던스 값은 $1/j\omega L$이며 단위길이에 대한 어드미턴스 값으로 표현하면 $1/j\omega L\Delta z$이다. 여기서, L_L'은

$$L_L' = L_L \Delta z \tag{6.3}$$

이다. 각각의 성분에 관하여 정리하면 다음과 같다.

L_R' = 단위길이에 대한 RH 전송선로의 직렬 인덕턴스 [H · m]
C_R' = 단위길이에 대한 RH 전송선로의 병렬 커패시턴스 [F · m]
C_L' = 단위길이에 대한 LH 전송선로의 직렬 커패시턴스 [F · m]
L_L' = 단위길이에 대한 LH 전송선로의 병렬 인덕턴스 [H · m]

LH 전송선로의 전자파의 전파상수 β는 식 (6.4)과 같다.

$$\beta = -\frac{1}{\omega\sqrt{L_L' C_L'}} \tag{6.4}$$

[그림 6-5 (b)]는 식 (6.4)에서 ω와 β의 관계를 나타낸 도표이다. 일반적인 RH 전송선로의 ω-β 선도는 사분면에서 원점을 지나는 형태로 나타나며, LH 전송선로의 경우는 2 사분면에서 비선형적인 주파수 특성을 보인다. 이때 전자파의 위상속도 v_p와 군속도 v_g는 식 (6.5) 및 (6.6)과 같이 나타난다.

$$v_p = \frac{\omega}{\beta} = -\omega^2\sqrt{L_L' C_L'} \tag{6.5}$$

$$v_g = \frac{d\omega}{d\beta} = +\omega^2\sqrt{L_L' C_L'} \tag{6.6}$$

식 (6.5)와 (6.6)로부터 위상속도와 군속도가 서로 반대 방향을 향하는 LH 전파특성을 볼 수 있다. LH 전송선로를 물리적으로 구현하는

데 있어서 기생적으로 RH 성분이 발생하게 된다. 따라서 RH 전송선로와 LH 전송선로를 통합한 구조인 Composite Right/Left-Handed (CRLH) 전송선로의 등가회로와 전송특성을 [그림 6-6]에 나타내었다.

[그림 6-6 (a)]에서 C_L', L_L'은 순수 LH 전송선로에서 나타나는 단위길이에 대한 직렬 커패시턴스와 병렬 인덕턴스 성분이며, L_R', C_R'은 순수 RH 전송선로에서 나타나는 단위길이에 대한 직렬 인덕턴스와 병렬 커패시턴스이다. [그림 6-6]의 (b), (c)는 전송특성을 나타낸다.

그림에서 $\beta=0$이 되는 공진특성이 나타나는 ω_0는 복소 전파상수 (Complex Propagation Constant) $\gamma(\gamma = \alpha + j\beta)$가 영이 되는 경우이므로 물리적으로 최대 감쇠가 나타나는 주파수로 정의되며 이 경우에는 에너지가 전송이 되지 않는다. 또한 [그림 6-6 (a)]에서 L_R', C_L'의 직렬공진 각주파수가 ω_{se}이며, L_L', C_R'의 병렬공진 각주파수가 ω_{sh}이다.

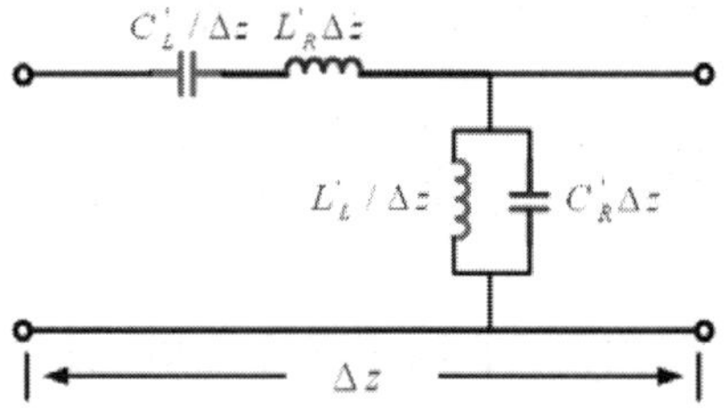

(a) 등가회로 모델

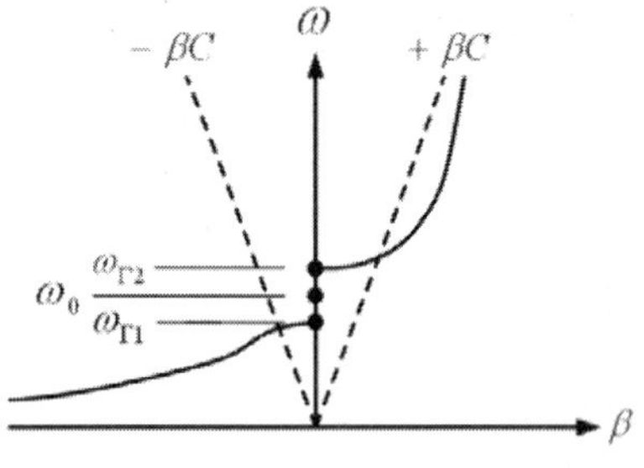

(b) 불평형 CRLH ω-β 선도

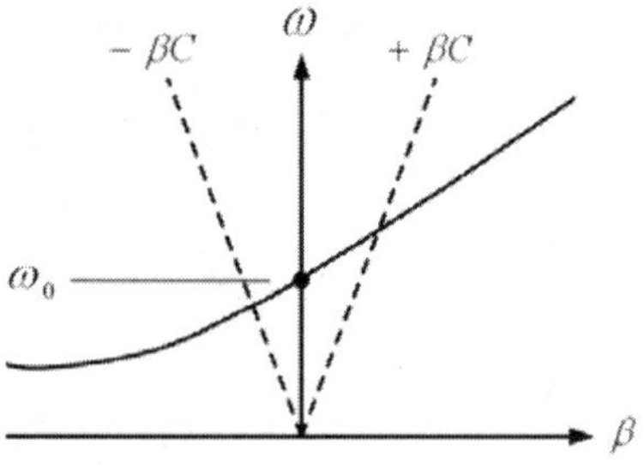

(c) 평형 CRLH ω-β 선도

[그림 6-6] CRLH 전송선로 등가회로 및 ω-β 선도

[그림 6-6 (b)]의 $\omega_{\Gamma 1}$과 $\omega_{\Gamma 2}$는 CRLH 전송선로가 불평형인 경우 발생하는 저지대역의 차단 각주파수들로서 식 (6.7)과 같다.

$$\omega_{\Gamma 1} = MAX(\omega_{se}, \omega_{sh}), \quad \omega_{\Gamma 2} = MIN(\omega_{se}, \omega_{sh}) \tag{6.7}$$

여기서, ω_{se}와 ω_{sh}는 각각 직렬공진 각주파수와 병렬공진 각주파수로서 식 (6.8)과 같이 주어진다.

$$\omega_{se} = \frac{1}{\sqrt{L_R' C_L'}}, \quad \omega_{sh} = \frac{1}{\sqrt{L_L' C_R'}} \tag{6.8}$$

[그림 6-6 (b)]에서 ω_{se}와 ω_{sh}가 서로 같으면 평형 전송선로가 되며, 이와 같은 구조는 특정 주파수 대역에서 직렬 연결부와 병렬 연결부의 L 또는 C 중 어느 한 성분의 영향이 두드러지게 나타나느냐에 따라서 LH 또는 RH 전송선로의 특징을 나타낸다.

직렬 연결부와 병렬 연결부의 공진주파수에서는 저지대역의 특성이 나타난다. 저주파 대역에서는 L_R'은 단락되고 C_R'은 개방회로가 되어 순수 LH 전송선로의 특성이 나타나며, 반대로 고주파 영역에서는 C_L'은 단락되고 L_L'은 개방되어 RH 전송선로의 특성이 나타난다. 그리고 이 두 영역 사이에 전자파 저지대역이 존재함을 보여준다.

CRLH 전송선로의 특수한 경우로서 등가회로 모델의 직렬부분과 병렬부분의 공진주파수가 일치하는 경우, 이를 평형 CRLH 전송선로라고 하며 이러한 선로의 전송특성은 일반적으로 [그림 6-6 (c)]와 같이 나타난다.

[그림 6-6 (b)]에 나타난 일반적인 불평형 CRLH 전송선로의 경우와 비교할 때, 평형 CRLH 전송선로의 전송특성에는 저지대역이 나타나지 않는 것을 알 수 있다. 또한 전송선로의 특성임피던스를 계산해 보면 불평형 CRLH 전송선로의 경우 주파수에 따라 임피던스가 변화하는 분산(Dispersion) 특성이 나타나지만 평형 CRLH 전송선로의 특성임피던스는 주파수에 무관한 상수이며, 특히 RH나 LH 대역에서 서로 동일한 값을 가지므로 실제 회로 응용에 보다 적합하다.

LH나 CRLH 전송선로의 구현은 집중(Lumped) LC 소자나 분포(Distributed) 정수회로를 이용하고 있다. 집중소자로는 표면 실장형(SMD : Surface Mounted Device) 칩 형태의 인덕턴스, 커패시턴스를 장착하여 사용한다. 그러나 전송전력의 한계가 있다. 따라서 분포 정수 회로가 실제 많이 사용되며 가장 일반적인 구조는 회로패턴 상에 인터디지털(Intrdigital) 커패시터와 전송선로 스터브(Stub)를 이용하여 등가적인 LC 소자를 구현한다.

[그림 6-7]에 이와 같은 방식으로 구성한 CRLH 전송선로의 한 구현 예를 나타내었다.

[그림 6-7]에 나타난 단위 셀의 세부 구조를 살펴보면 LHM 특성 구현에 필요한 단위길이당 직렬 커패시턴스 C_L'을 구현하기 위해 인터디지트 커패시터 구조가 사용되었으며, 단위길이당 병렬 인덕턴스 L_L'은 끝이 단락된 스터브를 사용하여 구현되었다. 또한 인터디지트 커패시터 구조와 접지면 사이에 단위길이당 기생 커패시턴스 C_R'을 구성하며, 인터디지트 커패시터의 핑거(Finger)상에 존재하는 전류에 의해 단위길이당 직렬 인덕턴스 L_R'이 생성되어 전체적으로 CRLH 전송선로 구조로 동작하게 된다.

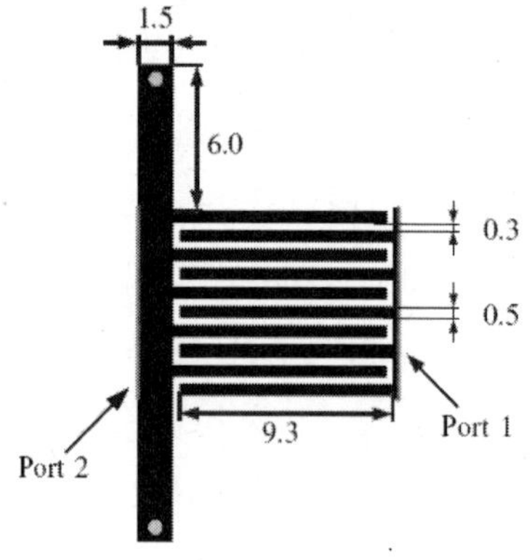

[그림 6-7] 인터디지트 커패시터와 단락 스터브로 구성된 CRLH 전송선로

[그림 6-7]에 나타낸 CRLH 전송선로에 대한 분산곡선은 식 (6.9)에 의해 결정된다.

$$\beta d = \cos^{-1}\left\{1-\frac{1}{2}\left[\frac{\omega_L^2}{\omega^2}+\frac{\omega^2}{\omega_H^2}-\left(\frac{\omega_E^2}{\omega_R^2}+\frac{\omega_M^2}{\omega_R^2}\right)\right]\right\} \tag{6.9}$$

$$\omega_R = 1/\sqrt{L_R C_R},\ \omega_L = 1/\sqrt{L_L C_L},$$
$$\omega_M = 1/\sqrt{L_R C_L},\ \omega_E = 1/\sqrt{L_L C_R}$$

여기서 β는 전파상수(phase constant)이며 d는 단위 셀의 길이를 의미한다. 또한 CRLH 전송선로의 LH 차단 주파수와 RH 차단 주파수는 식 (6.10)과 (6.11)에 의해 결정되며, 공진주파수는 식 (6.12)에 의해서 결정된다.

$$\omega_{cL} = \omega_R\left|1-\sqrt{1+\frac{\omega_L}{\omega_R}}\right| \tag{6.10}$$

$$\omega_{cR} = \omega_R\left|1+\sqrt{1+\frac{\omega_L}{\omega_R}}\right| \tag{6.11}$$

$$\omega_0 = \frac{1}{\sqrt[4]{L_R C_R L_L C_L}} = \sqrt{\omega_R \omega_L} = \sqrt{\omega_{se}\omega_{sh}} \tag{6.12}$$

6.4 MTM 안테나의 설계 순서

일반적으로 메타 구조를 이용하여 안테나를 설계하는 방법으로는 LH 영역을 이용하여 소형안테나를 구현하거나 $\beta=0$ 되는 지점을 이용하여 영차안테나(zeroth-order antenna)를 설계하는 것이다.

[그림 6-8]에 나타난 LH 전송선로의 단위 셀에 대한 등가회로에서 LH 안테나를 구현하려면 이러한 선로가 손실 없이 에너지를 전송하는

선로구조에서 선로를 따라서 에너지가 공간적으로 누설되는 방사구조를 가져야 안테나로 동작하게 된다. 순수한 LH 전송선로는 커패시터와 인덕턴스의 구조로 이루어져 있게 되므로 단위길이당 직렬 커패시턴스 C_L'을 어떻게 효과적인 에너지 방사구조로 설계함이 중요하다. 이러한 목적으로 인터디지트(Intrdigit) 커패시터가 일반적으로 사용되며, 병렬 인덕턴스의 구현을 위하여 접지면에 단락 비아가 주로 사용된다.

그러나 설계주파수가 낮아질수록 커패시터의 값이 클수록 안테나의 크기가 증가되므로 안테나의 소형화를 위하여 인덕턴스 값을 크게 증가시키기 위하여 스파이럴 형태 마이크로스트립 선로와 비아를 갖는 구조가 사용되기도 한다.

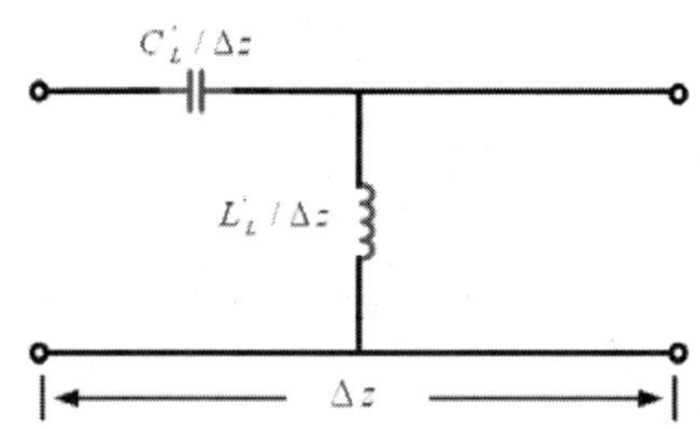

[그림 6-8] LH 전송선로 등가회로

그러나 앞에서 설명한 바와 같이, LH 전송선로를 물리적으로 구현하는 데 있어서 기생적으로 RH 성분이 발생하게 되므로 여기서는 CRLH 전송선로의 등가회로와 분산특성을 적용하여 안테나를 설계하는 방법을 소개하고자 한다.

설계의 편의상 ω_{se}와 ω_{sh}가 서로 같은 평형 전송선로의 경우를 가정하여 [그림 6-9]와 같은 CRLH 안테나의 단위 셀을 설계하는 순서를 설명하면 다음과 같다.

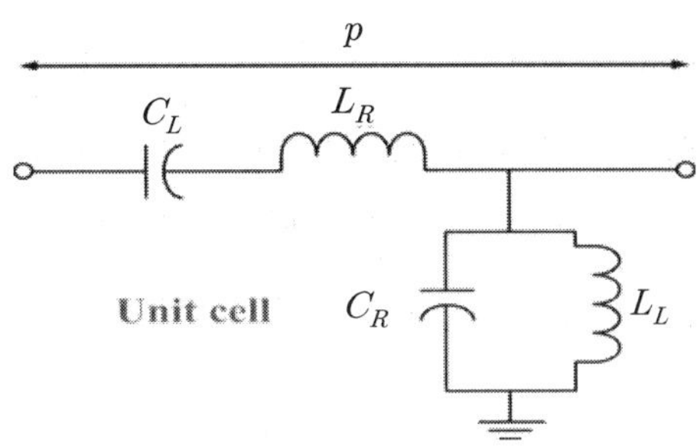

[그림 6-9] CRLH 단위 셀

① 설계 중심주파수(ω_0)와 설계에 사용될 유전체 기판의 파라미터를 참조하여 C_L 값을 정한다.

② $\omega_{se} = \omega_{sh} = \omega_0$, $\omega_{se} = 1/\sqrt{C_R L_L}$ 을 이용하여 L_R 값을 계산한다.

③ 선로의 특성임피던스 Z_0의 값을 결정한 후에 $Z_0 = \sqrt{L_R/C_R} = \sqrt{L_L/C_L}$ 를 이용하여 C_R, L_L의 값을 결정하면 단위 셀에 대한 4개의 파라미터 C_L, L_L, C_R, L_R의 값들이 모두 결정된다.

④ 이 ③에서 결정된 4개의 파라미터 값들을 이용하여 단위 셀에 대한 등가회로를 circuit simulation tool을 사용하여 ω-β 분산을 구하고 확인하여 볼 수 있다.

⑤ 4개의 파라미터 C_L, L_L, C_R, L_R의 값들을 실제의 물리적인 구조로 구현하기 위하여 경험적인 모델 구조에 대한 식들을 활용하여 설계한다. 설계된 구조를 3차원 EM simulation tool을 사용하여 안테나의 전기적인 특성을 확인하여 최적화시킨다.

이러한 단위 셀을 최적화 설계하는 과정의 일예를 다음에 설명한다. 단위 셀의 공진주파수는 2.5[GHz]이며 설계주파수 대역폭은 대략 1.92~2.17[GHz]이며 이를 비유전율이 10.2인 Rogers RO3210 기판 위에 설계하고자 한다. 설계될 단위 셀은 인터디지트 커패시터와 스터브형 비아 구조를 갖도록 설계하고자 한다. CRLH 전송선로를 설계하는 데 있어 두 가지 사항이 고려되어야 한다.

첫째, CRLH 전송선로의 전파상수 β가 음의 값을 갖는 LH 통과대역이 설계주파수 1.92~2.17[GHz]를 만족하여야 한다. 일반적으로 CRLH 전송선로에서 LH 통과대역이 좁게 나타나기 때문에 설계하고자 하는 CRLH 전송선로의 각 파라미터 값을 미리 결정하여 천이주파수, LH 통과대역, 반사손실(S_{11}) 그리고 전력 전달특성(S_{21})을 알아보아야 한다.

둘째, 설계하고자 하는 CRLH 전송선로가 최대 전력을 전달하기 위해 CRLH 전송선로의 RH 특성임피던스와 LH 특성임피던스가 CRLH 전송선로의 특성임피던스와 정합되어야 한다. 따라서 임피던스 정합을 위한 CRLH 전송선로 각각의 파라미터 C_L, L_L, C_R, L_R 결정이 매우 중요하다.

위 설계 순서 ①~③을 사용하여 구한 CRLH 전송선로의 설계변수 값을 〈표 6-1〉에 나타내었다.

<표 6-1> CRLH 단위 셀의 설계변수 값

설계변수	C_L(pF)	L_R(nH)	C_R(pF)	L_L(nH)
변수 값	1.22	3.31	1.25	3.23

설계변수를 토대로 하여 CRLH 단위 셀 직렬 LH 커패시턴스(C_L), 직렬 RH 인덕턴스(L_R), 병렬 LH 인덕턴스(L_L) 그리고 병렬 RH 커패시턴스(C_R)로 구성된 LC 단위 셀을 주기적으로 직렬 연결함으로써 단위 셀을 구현하였다.

[그림 6-10]에 나타낸 CRLH 단위 셀 제작에는 비유전율이 10.2인 Rogers RO3210 기판을 사용하였다. 인터디지트 커패시터를 이용한 CRLH 단위 셀은 핑거의 길이와 병렬 단락 스터브의 길이에 의해서 동작 특성이 크게 변화된다. 만약 핑거의 길이가 길어진다면, 직렬 LH 커패시턴스 C_L과 직렬 RH 인덕턴스 L_R 그리고 병렬 RH 커패시턴스

C_R이 커지게 된다. 따라서 LH 특성과 RH 특성이 교차하는 천이주파수는 하향하게 된다. 또한 단락 스터브의 길이를 증가시키면 병렬 LH 인덕턴스 L_L과 병렬 RH 커패시턴스 C_R이 커지게 되고 CRLH 단위 셀의 천이주파수는 하향된다. 이러한 결과는 [그림 6-11]과 [그림 6-12]을 통해서 알 수 있다.

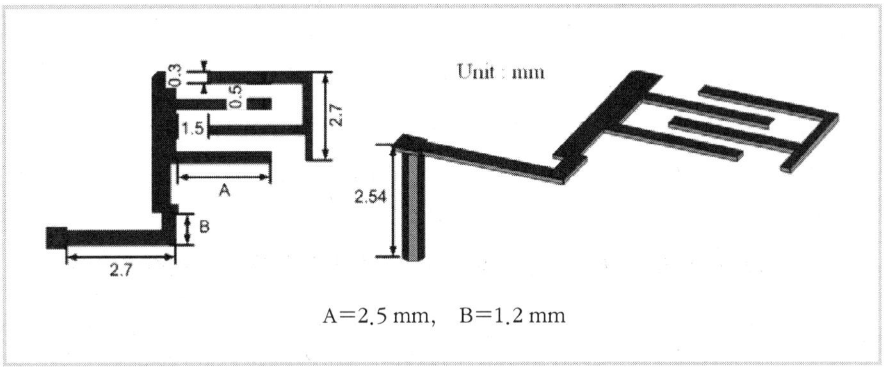

[그림 6-10] CRLH 단위 셀 구조

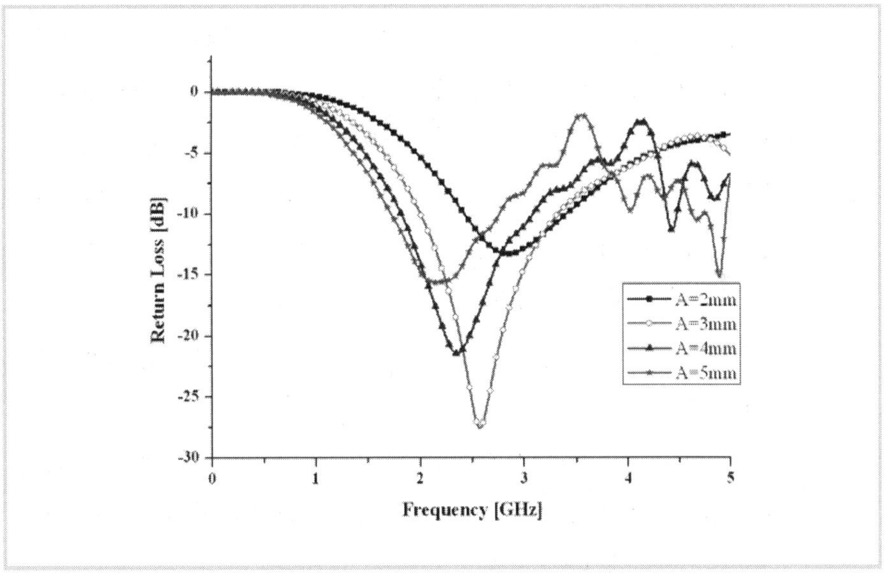

[그림 6-11] 핑거의 길이 변화에 대한 천이주파수의 변화

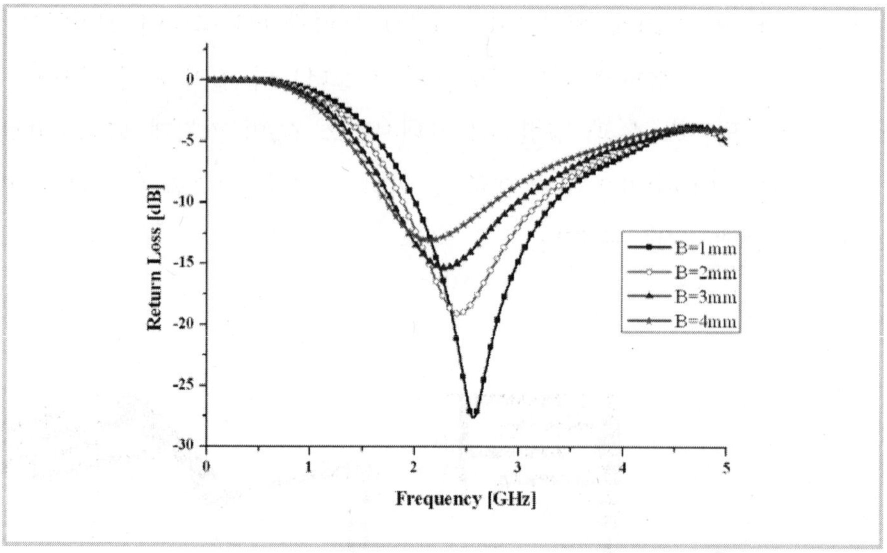

[그림 6-12] 스터브 길이 변화에 대한 천이주파수의 변화

[그림 6-11]과 [그림 6-12]에서 알 수 있듯이 인터디지트 커패시터의 핑거 길이가 증가하거나 병렬 단락 스터브의 길이가 증가함에 따라서 천이주파수가 하향됨을 알 수 있다.

〈표 6-1〉에 나타난 설계변수 값을 만족하도록 핑거의 길이 A는 2.5[mm] 그리고 병렬 단락 스터브 길이 B는 1.2[mm]로 결정하였다. 인터디지트 커패시터 핑거의 길이와 단락 스터브의 설계 값은 CST사의 MWS와 Ansoft Designer를 이용하여 결정하였다. 먼저 Ansoft Designer를 이용하여 CRLH 단위 셀의 특성을 확인 후 3-D 시뮬레이션인 CST MWS를 이용하여 최적화하였다.

〈표 6-1〉의 값을 만족하는 CRLH 전송선로의 등가회로를 [그림 6-13]에 나타내었다.

[그림 6-13 (a)]의 등가회로는 CRLH 단위 셀의 전기적 특성을 고려하여 설계되었으며, [그림 3-12]에 모의실험된 산란 파라미터 특성을 [그림 6-13 (b)]에 나타내었다.

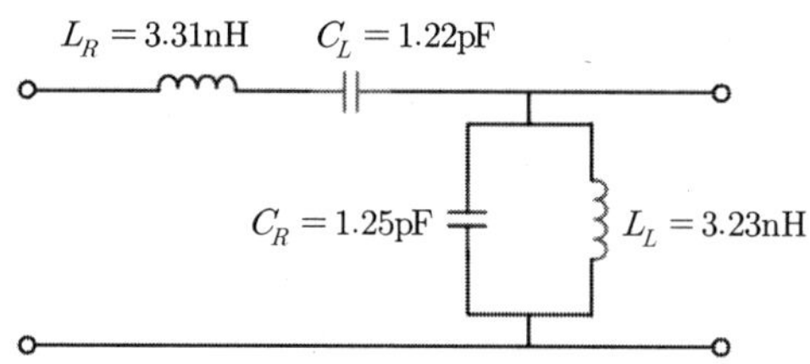

(a) CRLH 전송선로 등가회로

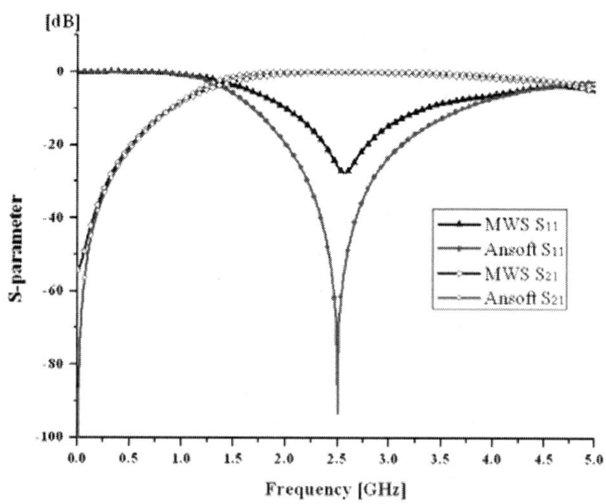

(b) 산란 파라미터

[그림 6-13] CRLH 단위 셀

모의실험 결과 CRLH 단위 셀의 천이주파수는 2.506[GHz]이며, 직렬 공진주파수와 병렬 공진주파수가 2.506[GHz]로 평형 CRLH 단위 셀임을 알 수 있다. 그리고 LH 차단주파수는 1.048[GHz]로 설계주파수 대역(1.92~2.17GHz)이 LH 통과대역에 있음을 알 수 있으며, RH 특성임피던스(Z_R= 52.08Ω)와 LH 특성임피던스(Z_L= 50.83Ω)가 CRLH 단위 셀의 특성임피던스인 Z_o= 50[Ω]에 정합되어 있다.

[그림 6-14]는 Ansoft Designer와 MWS를 이용한 모의실험 된 S_{21} 위상 특성이다.

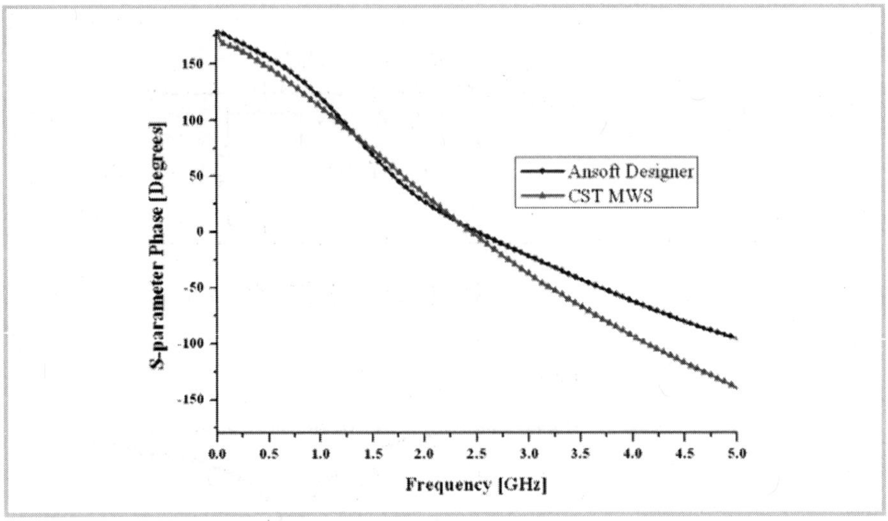

[그림 6-14] CRLH 단위 셀의 S_{21} 위상

CRLH 단위 셀의 S_{21} 위상은 LH 영역에서 양의 값을 가지고 RH 영역에서는 음의 값을 갖는다. Ansoft Designer와 MWS를 이용한 S_{21} 위상 특성은 2.506[GHz]를 중심으로 음의 값과 양의 값을 갖는다. 이러한 결과를 토대로 CRLH 단위 셀이 〈표 6-1〉에 주어진 설계변수 값을 만족하도록 설계되어졌음을 알 수 있다.

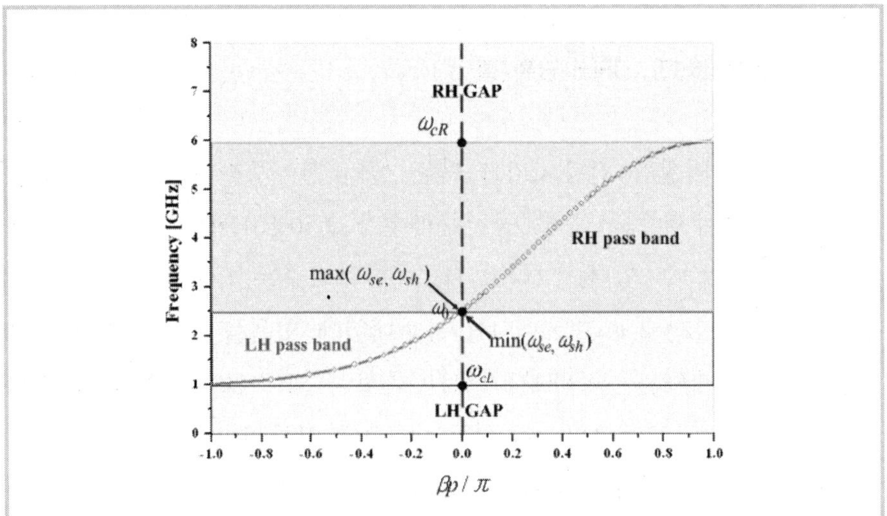

[그림 6-15] CRLH 단위 셀의 분산곡선

CRLH 단위 셀의 설계변수 값을 이용하여 구해진 분산곡선을 [그림 6-15]에 나타내었다. 1.048[GHz]에서 LH 차단주파수 특성을 나타내었으며, 1.05∼2.50[GHz] 대역에서 LH 통과대역, 2.51∼6.01[GHz] 대역에서 RH 통과대역 그리고 6.01[GHz]에서 RH 차단주파수 특성이 나타났다.

6.5 MTM 안테나의 설계 예

[그림 6-16]에 나타낸 바와 같이 음의 유전율(epsilon-negative : ENG) 또는 음의 투자율(mu-negative : MNG)을 갖는 메타 쉘 구조를 각각 전기적 소형 다이폴안테나 또는 소형 루프안테나 외부에 결합시켜 주는 방법을 2장에서 소개하였다.

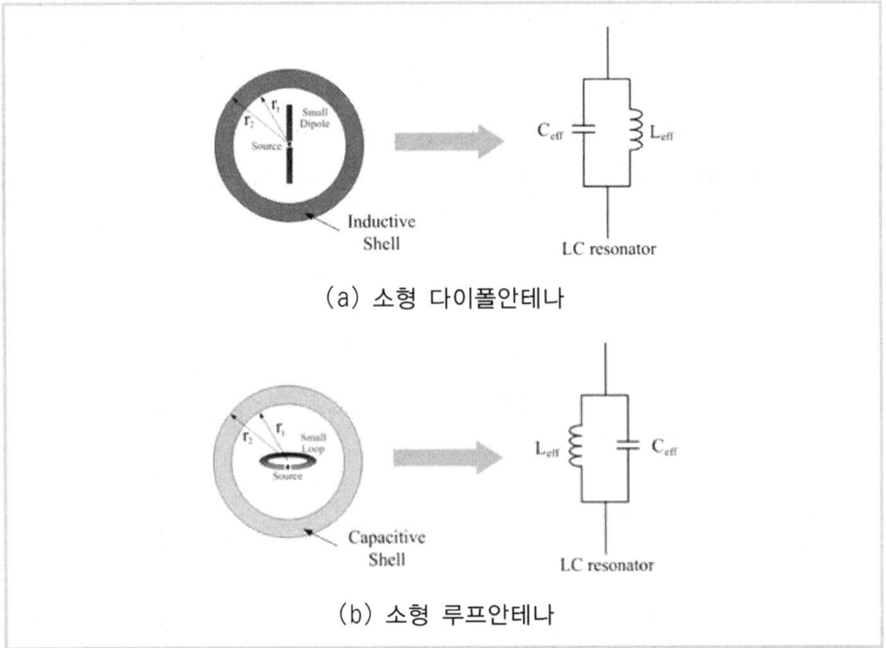

[그림 6-16] 음의 유전율 또는 투자율을 갖는 쉘을 이용한 소형임피던스 정합 개념

[그림 6-16 (a)]에서 ENG 셸은 유도성 소자로 작용하므로 용량성 리액턴스를 갖는 소형 다이폴안테나와 결합되면 LC 공진회로를 구성하며, [그림 6-16 (b)]에서는 MNG 셸을 소형 루프안테나에 결합시킴으로써 전기적인 소형안테나 다이폴이나 루프안테나를 효과적으로 정합시킬 수 있다. 그러나 ENG 셸이나 MNG 셸은 분산 정합 소자로서 이들 구조를 실제의 물질구조로 구현하여 소형안테나에 결합시키는 것은 쉽지 않다.

따라서 실제 안테나의 설계에 있어서는 등가구조적으로 유도성 리액턴스를 나타내는 접지면 상의 슬롯 구조나 용량성 리액턴스를 나타내는 평행판 커패시턴스 등의 구조를 사용하여 단독 구조만으로 에너지를 방사할 수 없었던 소형 다이폴이나 루프안테나를 구현시키는 수단으로 SNG 구조를 일종의 정합구조로 사용하는 방법이다. 이러한 종류의 안테나는 meta-inspired 안테나라고 불리며 기본적으로 좁은 대역폭과 낮은 이득특성을 갖는 소형 메타 구조의 안테나에 대한 대안으로 제시되고 있는 것이다.

[그림 6-17]은 슬롯 결합 소형 모노폴안테나의 구조이다. 소형 모노폴안테나는 50[Ω]의 커넥터의 중심 도체로서 기판의 두께와 같은 길이를 가지고 있으며 용량성 리액턴스를 나타내므로 그 자체만으로는 에너지를 방사할 수 없으므로 [그림 6-16 (a)]에서 나타낸 바와 같이 슬롯 구조의 ENG 셸은 유도성 소자로 결합시켜 안테나를 구성시킨 것이다.

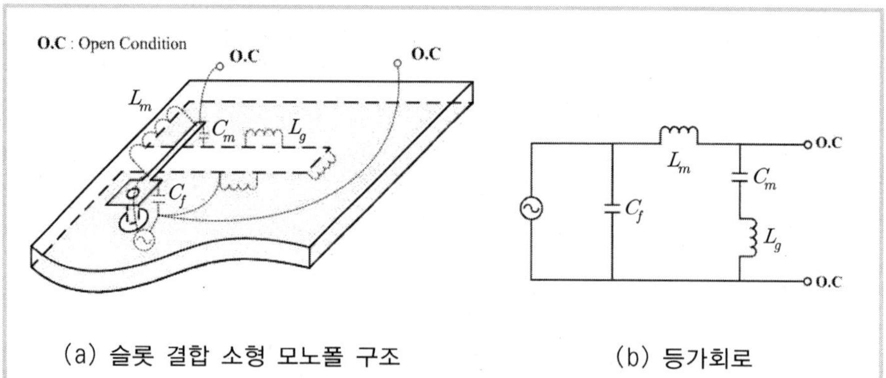

[그림 6-17] 슬롯 결합 소형 모노폴안테나

슬롯과 모노폴을 결합시키기 위하여 마이크로스트립 도체가 사용되었으며 마이크로스트립-슬롯 사이의 전자기적인 결합을 통하여 슬롯 주변을 따라서 흐르는 전류에 의한 인덕턴스 성분이 발생된다.

[그림 6-17 (b)]의 등가회로에서 C_f는 50[Ω]의 커넥터의 중심도체와 접지면 사이의 정전용량 성분이며 C_m은 스트립 도체와 슬롯 사이의 결합 커패시터이고 L_g 슬롯 주변을 따라서 흐르는 전류에 의한 인덕턴스 성분을 나타낸다. 이러한 구조의 안테나의 경우에 개방슬롯의 길이는 종래의 공진형 개방슬롯 안테나의 경우와는 다르게 슬롯의 길이가 $\lambda/4$로 제한되지 않는다. 또한 광대역의 특성을 갖도록 하기 위해서 결합슬롯의 형태를 변형시켜 이중 공진특성이 나타나도록 하여 안테나의 대역폭을 확장시킨 구조를 [그림 6-18]에 나타내었다.

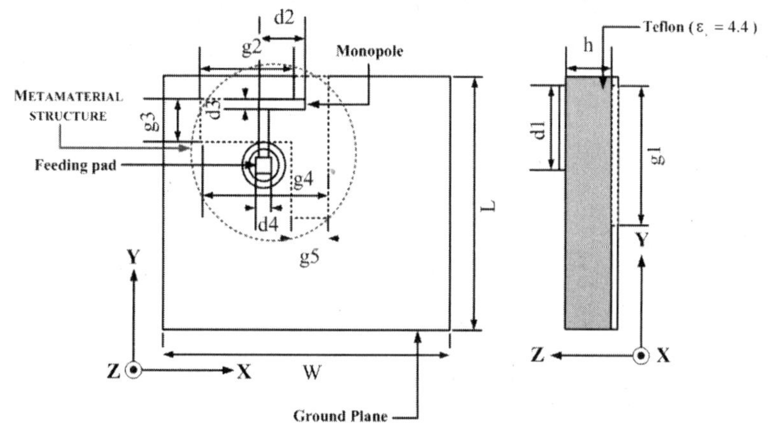

(a) 슬롯 결합 이중대역 모노폴 구조

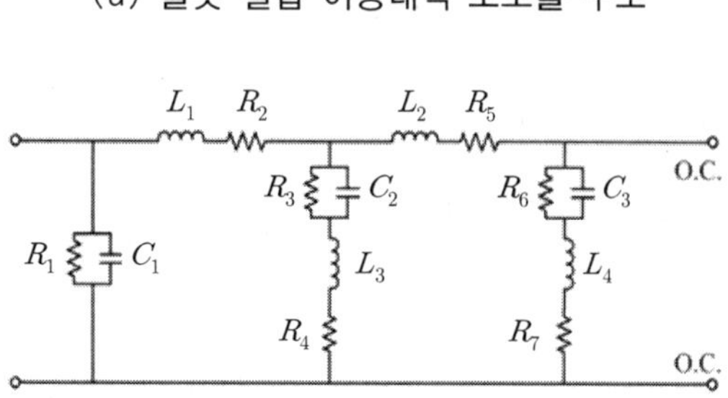

(b) 등가회로

[그림 6-18] 이중대역 슬롯 결합 소형 모노폴안테나

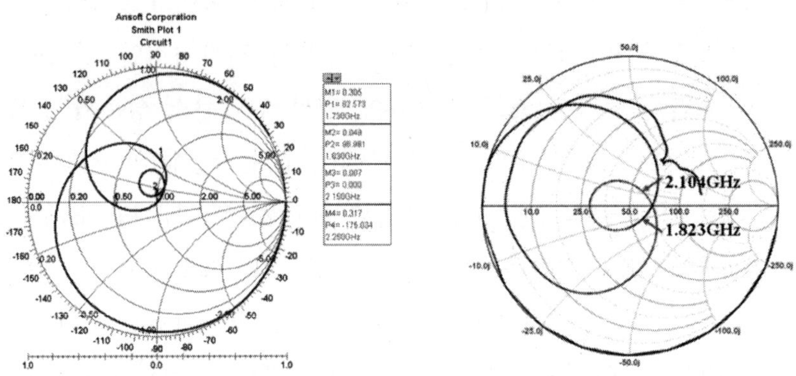

(a) circuit simulation (b) field simulation

[그림 6-19] 이중대역 슬롯 결합 소형 모노폴안테나 입력임피던스 궤적

제안된 안테나의 circuit simulation 및 3-D field simulation을 수행한 입력임피던스 궤적을 [그림 6-19]에 나타내었다.

설계된 이중대역 안테나의 공진 중심주파수는 각각 1.82[GHz] 및 2.1[GHz]이며 두 개의 공진주파수가 매우 근접되어져 넓은 대역폭 특성을 나타내고 있다. [그림 6-20]에 제작된 안테나 사진과 측정된 반사손실 특성을 나타내었다. 제작된 안테나의 성능을 측정한 결과 안테나의 이득은 약 2.44[dBi]이며 84[%]의 효율을 나타내었다.

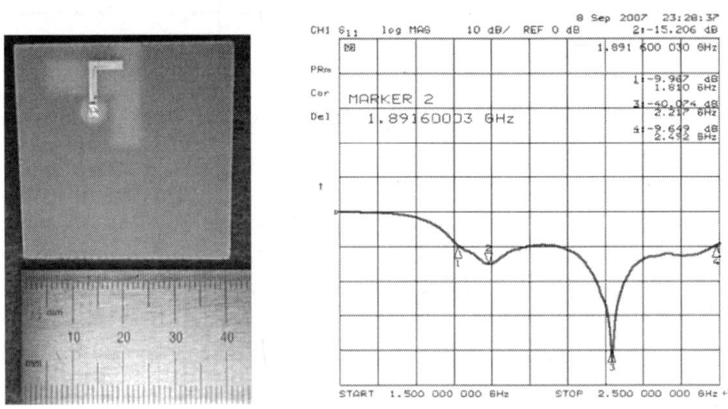

(a) 안테나 구조 (b) 반사손실

[그림 6-20] 제작된 안테나 및 반사손실

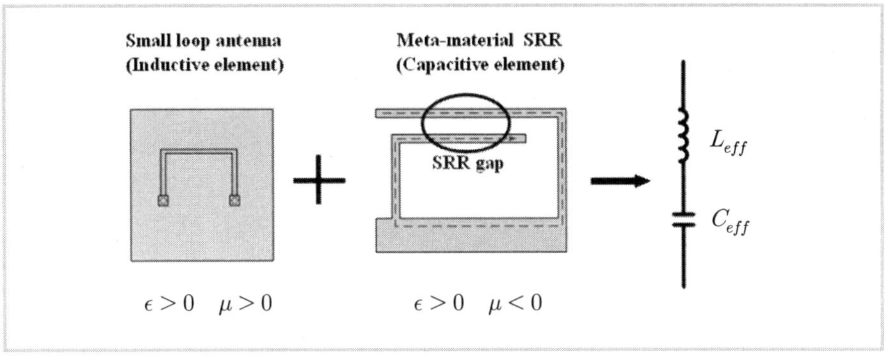

[그림 6-21] 접지면 SRR 결합 소형 루프안테나 개념도

[그림 6-21]은 접지면 SRR 결합 소형 루프안테나의 구조의 개념도이다. 소형 루프안테나는 50[Ω]의 커넥터에 의하여 접지면에서 급전되어져 기판의 상단에서 비아를 통하여 소형루프를 구성하고 있으며 유량성 리액턴스를 나타내므로 그 자체만으로는 에너지를 방사할 수 없으므로 [그림 6-16 (b)]에서 나타낸 바와 같이 접지면의 슬롯 구조 외각에 SRR 구조의 MNG 쉘과 결합시켜 용량성 소자로 결합시켜 안테나를 설계한 형태이다.

[그림 6-22]에 나타난 바와 같이 접지면에 형성시킨 SRR 구조의 도체 스트립과 접지면 사이에 강한 커패시브 성분이 나타나며 슬롯의 주변을 따라서 표면전류가 흐르게 된다.

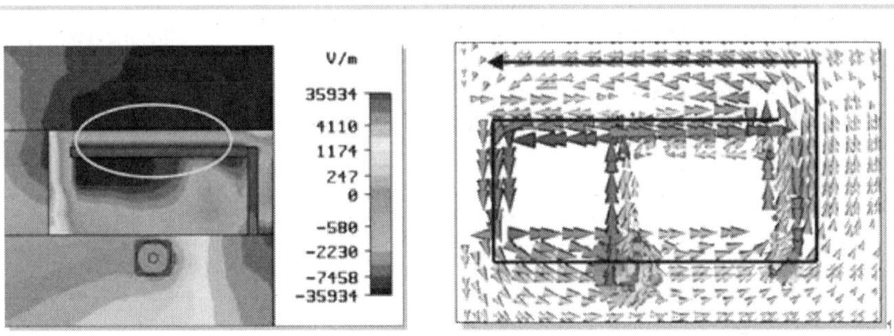

(a) 전계 (b) 표면전류

[그림 6-22] 전계 및 표면전류 분포

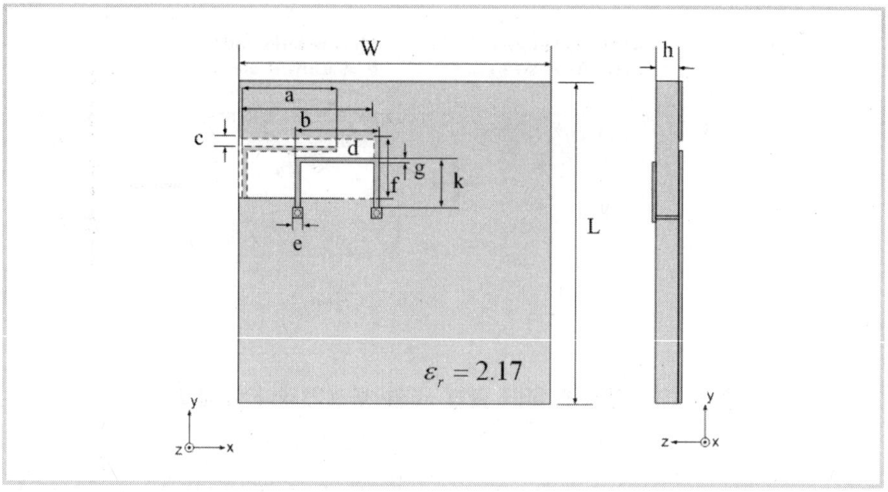

[그림 6-23] 접지면 SRR 결합 소형 루프안테나

[그림 6-23]에 제안된 안테나의 구조를 나타내었다. 일한 안테나 설계에 있어서 접지면에 위치한 SRR 구조의 접지면과 스트립 도체 사이의 갭의 크기에 따라서 커패시턴스 성분의 값이 변화되므로 이는 안테나 설계의 매우 중요한 변수가 된다.

〈표 6-2〉에 용량성 SRR의 갭의 폭의 변화에 따른 안테나 공진주파수, 대역폭, 효율 및 이득의 변화를 나타내었다.

<표 6-2> 용량성 SRR의 갭의 폭의 변화에 따른 안테나의 특성 변화

Gap width(mm)	Resonance frequency (GHz)	Bandwidth (MHz)	Efficiency(%)	Gain(dBi)
0.5	1.72	30	69	2.2
0.8	1.92	77	80	3.1
1.1	2.04	104	81	3.7
1.4	2.11	122	84	3.8

안테나 설계 중심주파수를 2.04[GHz]로 비유전율이 2.17인 테플론 기판 위에 제작된 안테나의 측정 결과를 [그림 6-24]에 나타내었다.

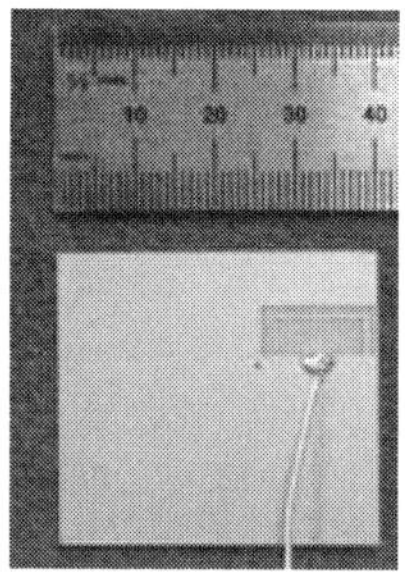

(a) 접지면

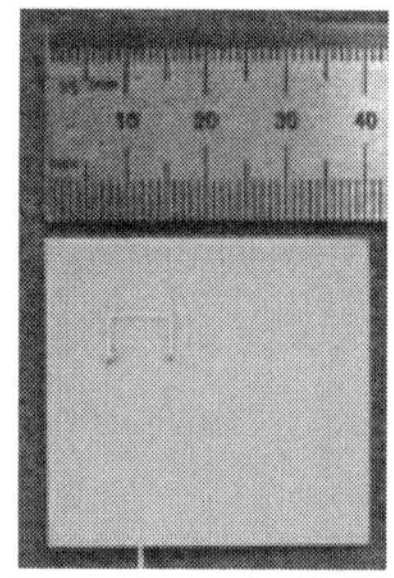

(b) 소형루프

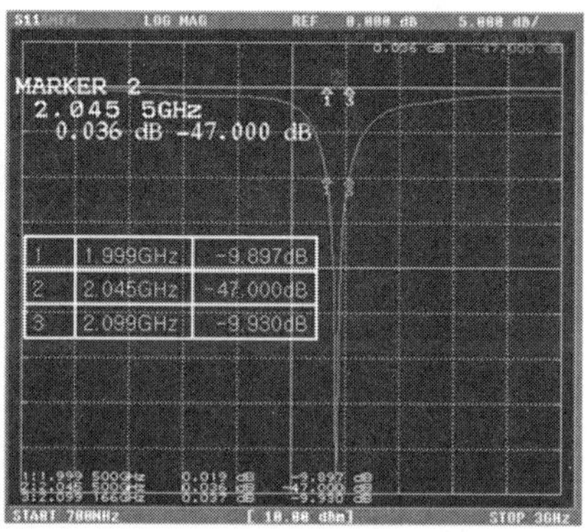

(c) 반사손실

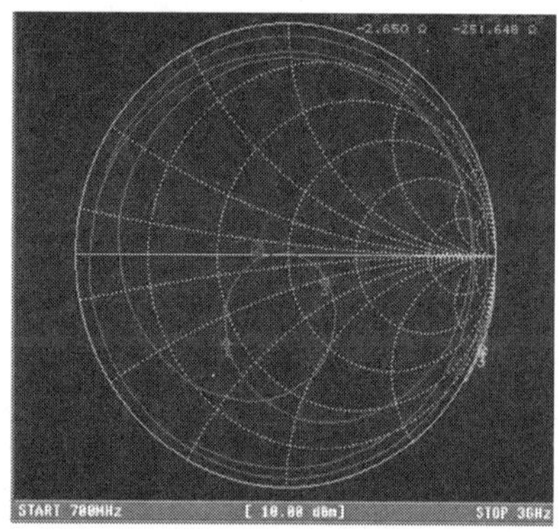

(d) 입력임피던스 궤적

[그림 6-24] 안테나 성능 측정 결과

측정된 안테나의 공진주파수는 2.045[GHz]이며 81[%]의 방사효율과 3.6[dBi]의 이득을 나타내었다. [그림 6-25]에 나타낸 측정된 안테나의 방사패턴은 거의 무지향 특성을 보였다.

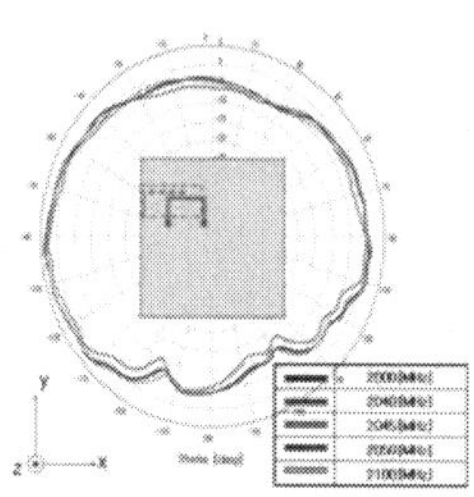

(a) xy 평면

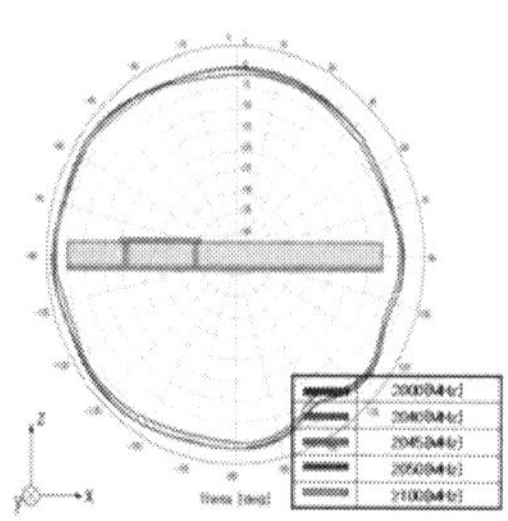

(b) xz 평면

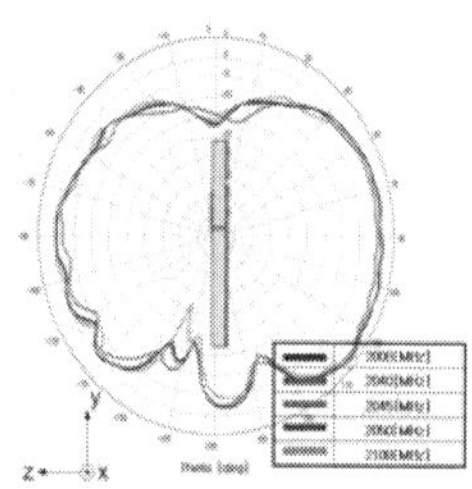

(c) yz 평면

[그림 6-25] 안테나의 방사패턴

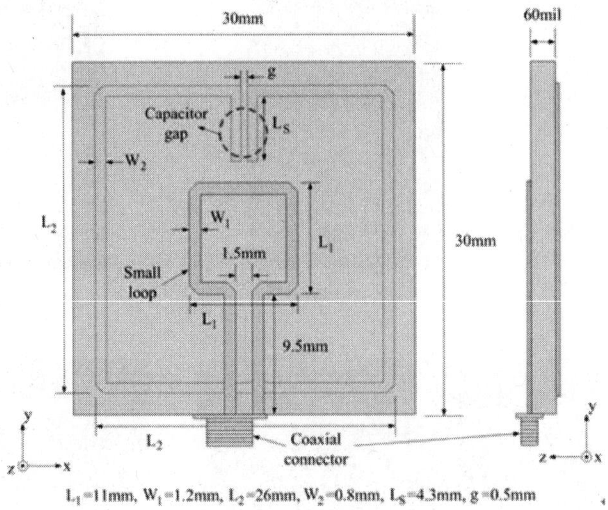

(a) SRR 덮개 층을 갖는 루프 구조

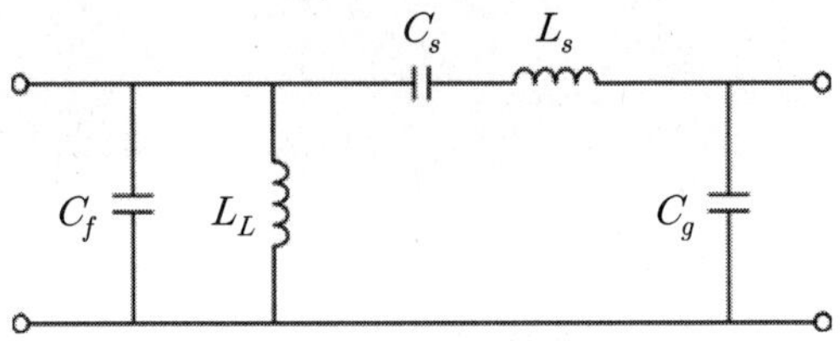

(b) 등가회로

[그림 6-26] 용량성 SRR 덮개 층을 갖는 이중 루프안테나

[그림 6-26]에 용량성 SRR 덮개 층을 갖는 이중 루프안테나의 구조와 등가회로를 나타내었다. [그림 6-23]의 안테나와는 다르게 접지면 구조를 사용하는 대신에 용량성 SRR 덮개 층을 사용하여 이중 루프안테나 형태로 비유전율이 2.2인 테프론 기판 위에 설계한 것이다. 이 안테나의 중요한 설계 파라미터는 용량성 SRR 덮개 층 구조에서 SRR의 갭 커패시터 C_s 및 급전용 루프의 인덕턴스 L_L이며 이들 값의 크기에 따라서 안테나의 공진주파수가 변화하게 된다.

[그림 6-27]에 이들 변수 값들의 변화에 대한 안테나의 반사손실 값을 나타내었다.

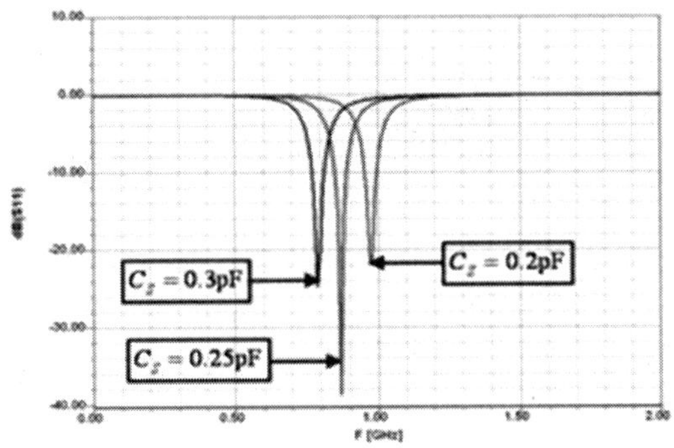

(a) SRR의 갭 커패시터 C_s

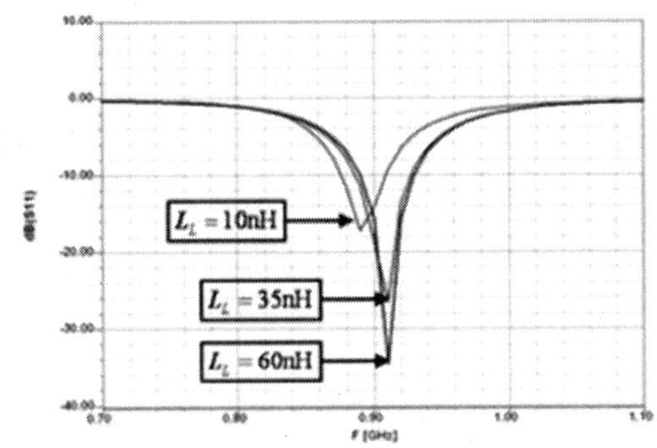

(b) 급전용 루프의 인덕턴스 L_L

[그림 6-27] 안테나의 반사손실

[그림 6-28]에 나타난 바와 같이 구동 소형 루프안테나의 반대편에 형성시킨 용량성 SRR 구조의 중앙에 위치한 갭 도체 스트립을 중심으로 루프 스트립 도체 사이에 강한 커패시브 성분이 나타나며 루프안테나 도체 표면을 따라서 표면전류가 흐르게 된다.

안테나 설계 중심주파수를 910[MHz]로 비유전율이 2.17인 테플론 기판 위에 제작된 안테나의 측정 결과를 [그림 6-29]에 나타내었다.

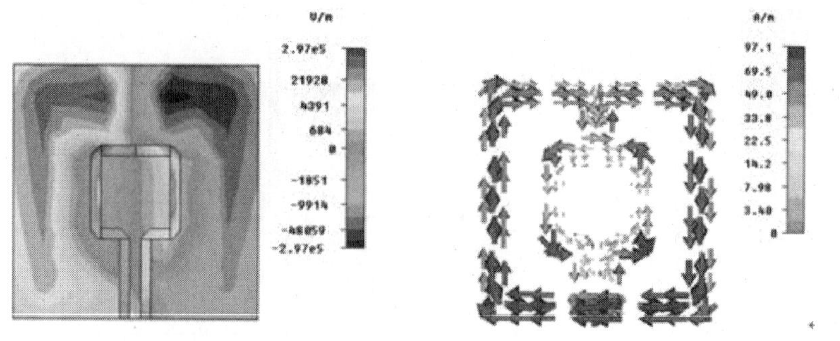

(a) 전계 (b) 표면전류

[그림 6-28] 전계 및 표면전류 분포

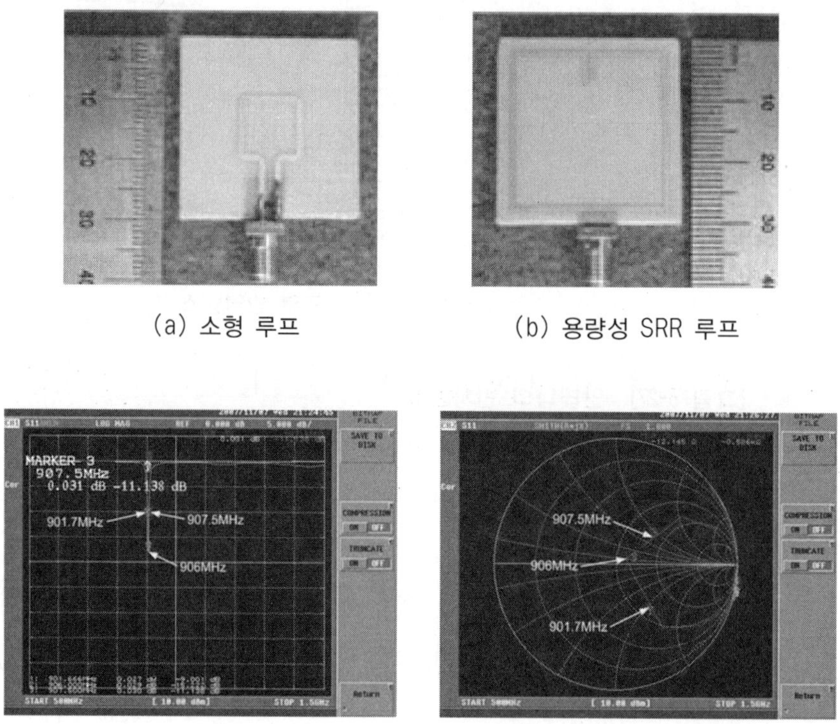

(a) 소형 루프 (b) 용량성 SRR 루프

(c) 반사손실 (d) 입력임피던스 궤적

[그림 6-29] 안테나 성능 측정 결과

측정된 안테나의 공진주파수는 906[MHz]이며 43[%]의 방사효율과 0.6[dBi]의 이득을 나타내었다. [그림 6-30]에 나타낸 측정된 안테나의 방사패턴은 거의 무지향 특성을 보였다.

단위 LH 셀을 구현하기 위한 커패시터의 종류를 [그림 6-31]에 나타내었다. 이들 구조는 [그림 6-31 (a)]와 같은 인터디지트형과 (b)와 같은 평행판 구조의 2가지 형태가 있으며, 사용되는 병렬 단락 스터브를 각각 평형 및 불평형으로 설계할 수 있다.

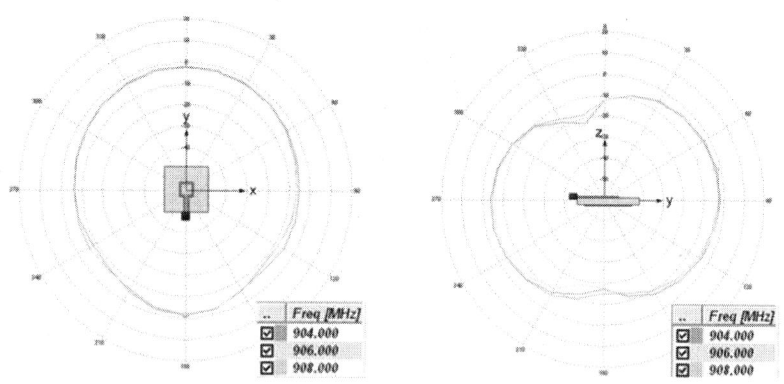

(a) xy 평면 (b) yz 평면

[그림 6-30] 안테나의 방사패턴

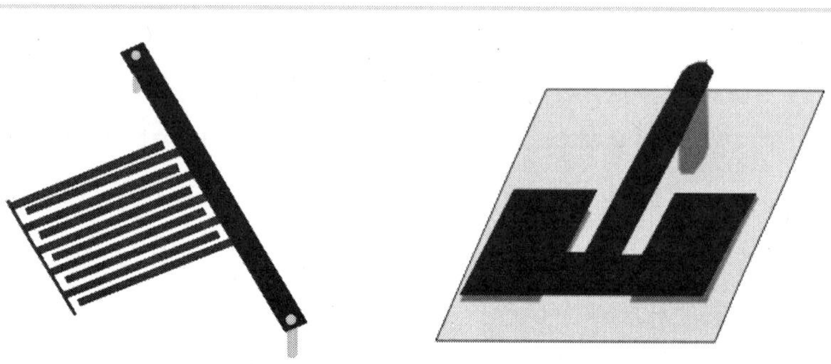

(a) 인터디지트 커패시터 (b) 평행판 커패시터

[그림 6-31] 사용 커패시터 구조

다음으로 불평형 평행판 커패시터 구조를 사용하여 영차(zeroth-order) 안테나를 설계하여 본다. 제안된 단위 셀 구조를 [그림 6-32]에 나타내었다.

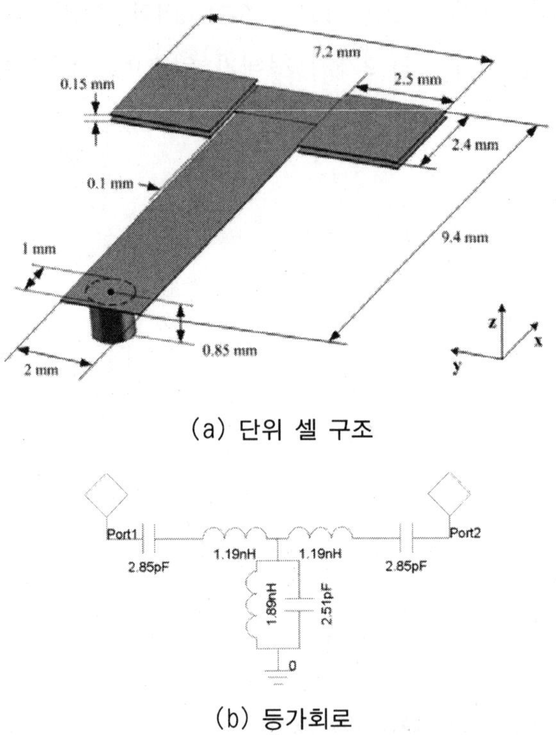

(a) 단위 셀 구조

(b) 등가회로

[그림 6-32] 불평형 평행판 커패시터 구조의 단위 셀

주파수 2.15[GHz]에서 영차 공진이 발생하며 일반적으로 n개의 단위 셀을 사용하는 경우에 $2n-1$개의 공진점이 발생되므로 [그림 6-33 (c)]에 나타난 바와 같이 3개의 셀을 사용하였으므로 5개의 공진점을 확인할 수 있다. CRLH 구조의 안테나를 여러 개의 셀을 사용하여 설계하는 경우에 선로의 끝단은 개방 또는 단락회로로 종단시킬 수 있다. 선로의 끝단이 개방되는 경우에는 안테나 ω_{sh}에서 공진되며 병렬 암에 에너지가 축적되고, 선로의 끝단이 단락되는 경우에는 안테나 ω_{se}에서 공진되며 직렬 암에 에너지가 축적되게 된다.

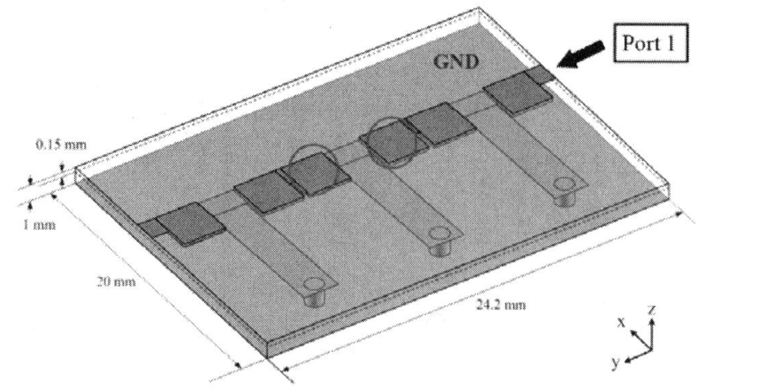

(a) 3개의 셀 구조

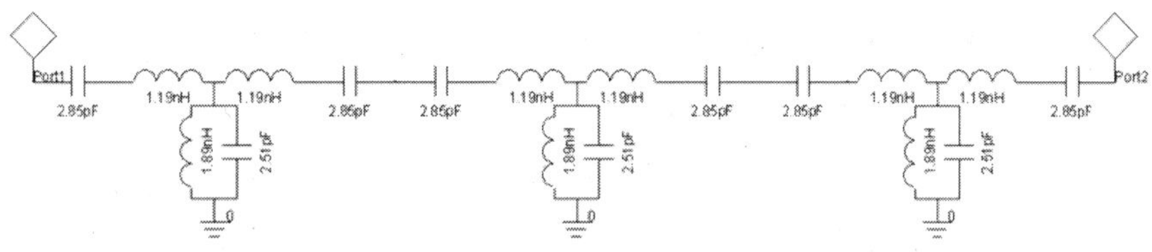

(b) 등가회로

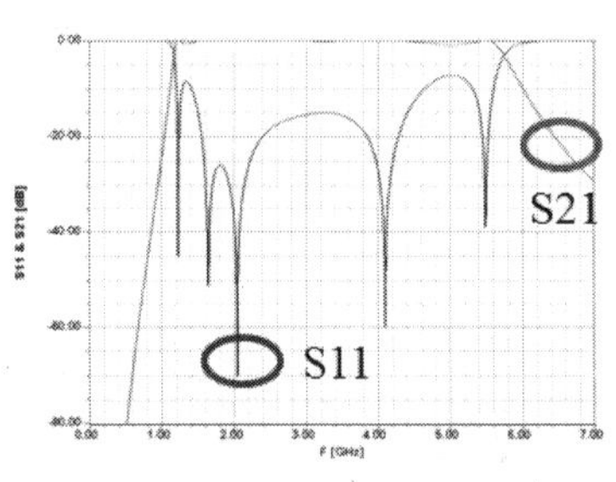

(c) 산란계수

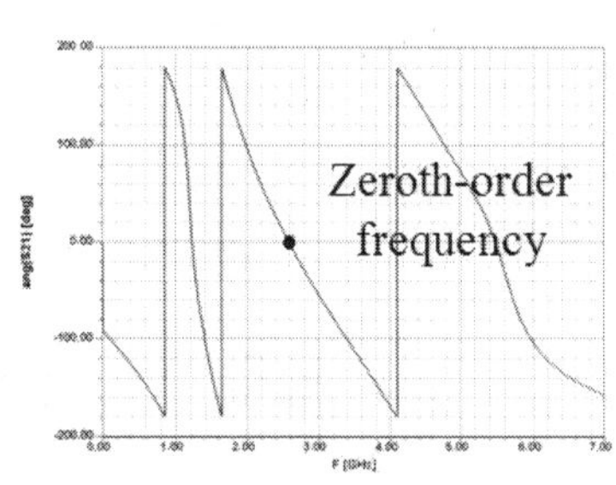

(d) 위상

[그림 6-33] 3개의 셀로 구성된 영차안테나 특성

병렬 단락 스터브의 폭 W값을 변경시키면 [그림 6-34]에 나타난 바와 같이 반사손실특성이 변화하게 되며 $W = 2$[mm]인 경우에 대역폭이 넓어짐을 확인할 수 있다.

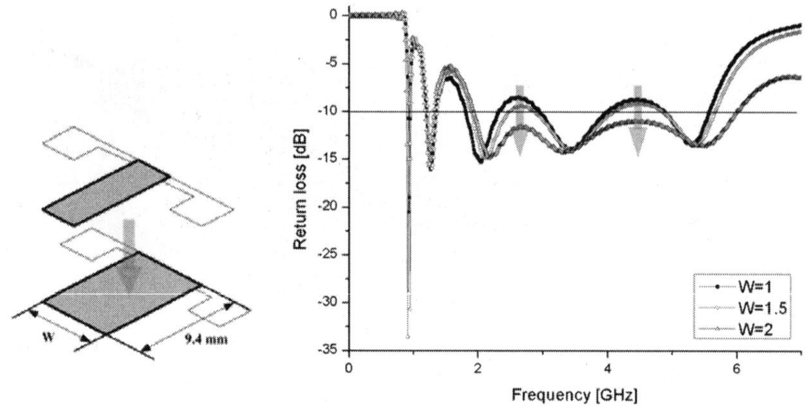

(a) 반사손실 (b) 병렬 단락 스터브

[그림 6-34] 불평형 평행판 커패시터 구조의 단위 셀

[그림 6-35]에 각 공진주파수에서 전계분포를 나타내었다. 주파수 2.15[GHz]에서 영차 공진이 발생하므로 전계분포가 일정하게 나타남을 확인할 수 있다.

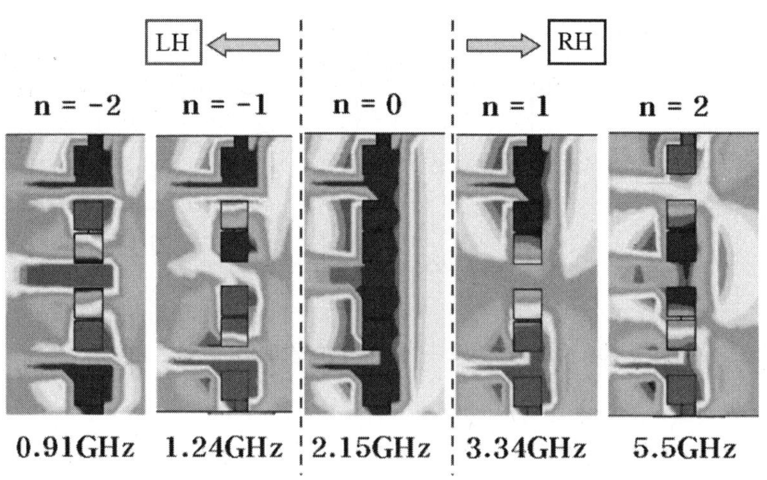

[그림 6-35] 각 공진주파수에서 전계분포

[그림 6-36]에 −1차, 0차 및 +1차 공진주파수에서 안테나의 방사패턴을 나타내었다. 이러한 안테나는 [그림 6-37]에 나타낸 바와 같이 병렬 스파이럴 인덕터 구조를 사용하거나 LTCC를 사용하여 소형화 설계를 함으로써 칩형 안테나 구조로 제작도 가능하다.

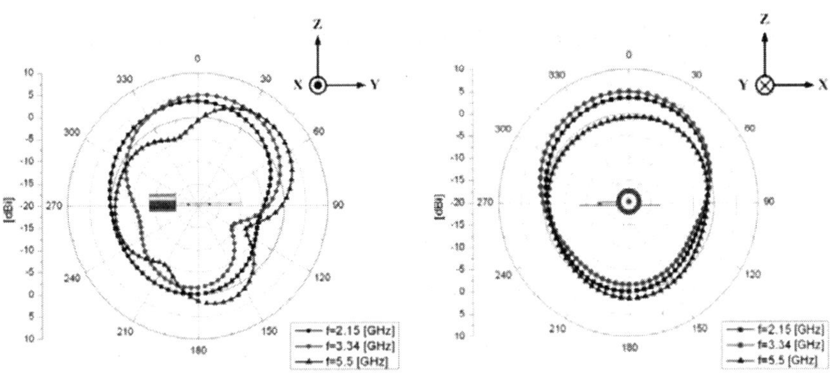

(a) yz 평면 (b) xy 평면

[그림 6-36] 안테나의 방사패턴

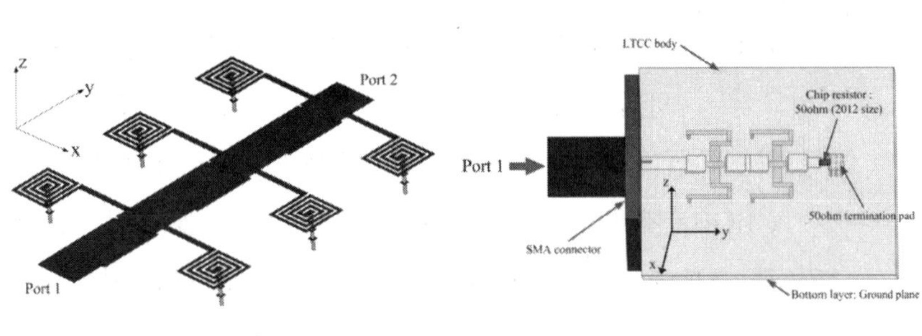

(a) 스파이럴 인덕터 사용 (b) LTCC 사용

[그림 6-37] 영차안테나 구조

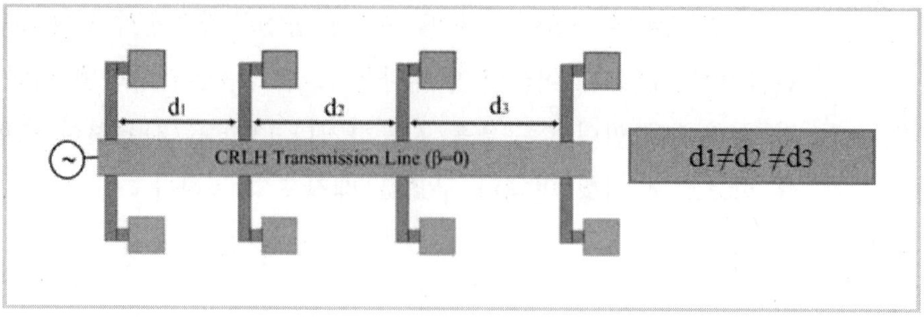

[그림 6-38] 8개의 소자를 사용한 마이크로스트립 패치 배열안테나

CRLH 전송선로는 $\beta = 0$가 되는 영차 공진주파수가 존재하므로 이러한 선로를 사용하면 [그림 6-38]에 나타낸 바와 같이 선로 상의 임의의 점에서 전류의 위상이 모두 동일하게 되므로 기존의 배열안테나에서는 인접안테나 사이의 배열 간격을 $\lambda/2$로 설계하여야 두 안테나 사이의 위상이 동 위상으로 되므로 다수의 소자를 사용한 배열안테나를 설계할 경우에 전체 안테나의 크기가 커지게 되는 단점을 극복할 수 있다.

[그림 6-38]에 나타낸 바와 같이 8개의 소자를 사용한 마이크로스트립 패치 배열안테나를 설계할 경우에 각 소자 사이의 간격을 CRLH 전송선로 상의 임의의 위치에 놓아도 각 안테나들이 모두 동 위상으로 급전이 가능하게 되어 전체 배열안테나의 크기를 줄일 수 있다.

[그림 6-39]에 6개의 포트를 갖는 영차 CRLH 전송선로를 안테나의 전력분배 급전선로 설계한 예를 나타내었다. 설계된 선로는 중심주파수 2.1[GHz]에서 영차 공진특성을 나타낸다. 설계된 CRLH 전력분배기의 각 포트에서 전력의 크기와 위상을 [그림 6-40]에 나타내었다. 각각의 포트에서 전력 값들 및 위상은 거의 동일하다.

$|S_{21}| = 10.87\,\mathrm{dB}$, $|S_{31}| = 11.06\,\mathrm{dB}$, $|S_{41}| = 12.02\,\mathrm{dB}$, $|S_{51}| = 12.06\,\mathrm{dB}$,

$|S_{61}| = 12.08\,\mathrm{dB}$, $|S_{71}| = 12.07\,\mathrm{dB}$

$S_{21} = -125.4°$, $S_{31} = -122°$, $S_{41} = -125.8°$, $S_{51} = -124.2°$,

$S_{61} = -121.3°$, $S_{71} = -119.3°$

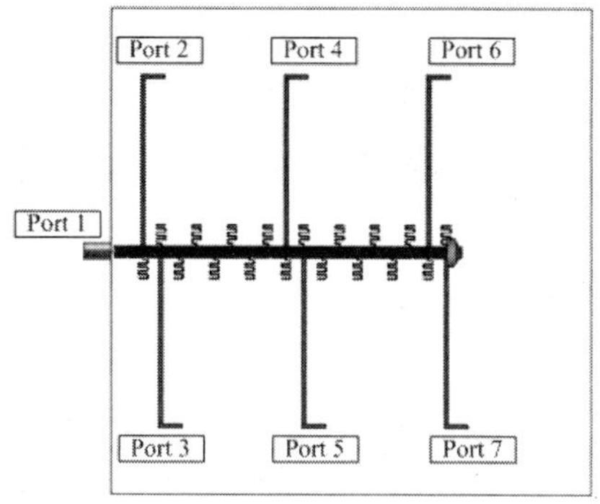

[그림 6-39] 6개의 포트를 갖는 영차 CRLH 전송선로

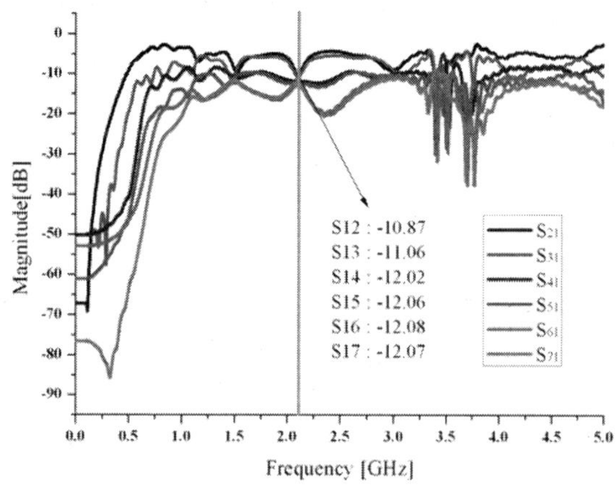

(a) 진폭

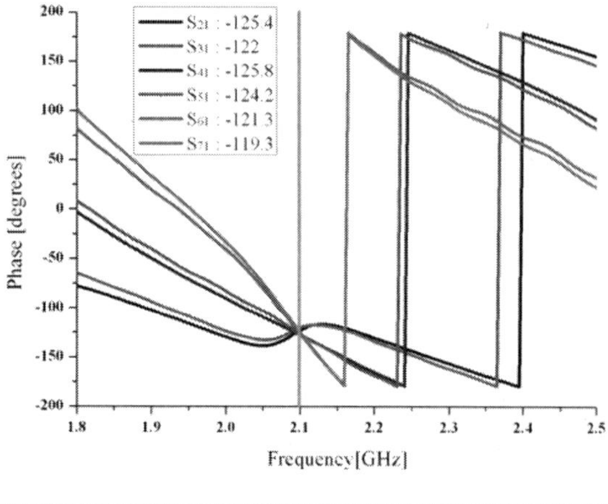

(b) 위상

[그림 6-40] 6개의 포트를 갖는 영차 CRLH 전송선로의 주파수 응답

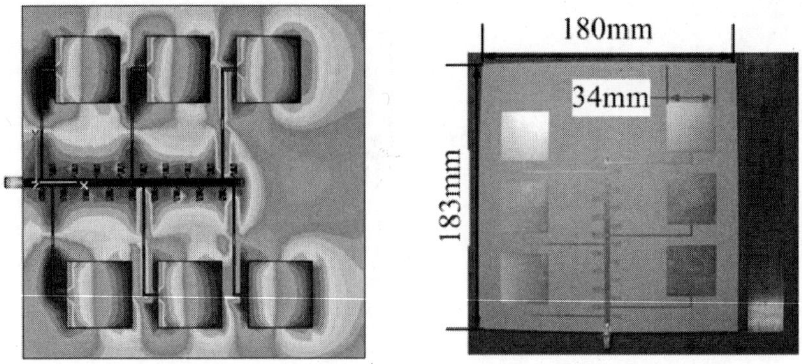

(a) 전계분포 (b) 배열안테나

[그림 6-41] 영차 CRLH 전력분배기를 사용한 마이크로스트립 패치 배열안테나

[그림 6-41]에 비유전율이 3.48이고 두께가 1.5[mm]인 기판 위에 제작된 영차 CRLH 전력분배기를 사용한 6소자 마이크로스트립 패치 배열안테나의 전계분포와 제작된 안테나의 사진을 나타내었다. 영차 공진주파수 2.1[GHz]에서 안테나의 전력분배기로 사용된 CRLH 선로 상의 전계분포는 모두 일정하게 나타나고 있으며 6소자 패치 안테나는 거의 균일한 전력분배가 이루어지고 있음을 볼 수 있다.

Chapter

7

Hot Topics

7.1 FSS
7.2 Soft-surface
7.3 가변정합회로

7.1 FSS

동일한 소자를 1차원 혹은 2차원 구조적으로 무한 배열한 형태의 주기구조를 유전체 기판에 설계하여 소자 등의 배열에 따른 공진특성에 의해 특정 주파수에서 전자기파를 통과 혹은 차단시키는 특성을 갖도록 설계된 평면을 주파수 선택적 표면(FSS : Frequency Selective Surface)이라 한다. 이러한 FSS는 안테나의 레이돔, 반사판 안테나의 다이플렉싱용 부 반사판, 공간상의 여파기(Spatial filter)로 주로 적용되고 있다.

FSS는 주파수에 따라 통과 또는 반사특성을 갖는 여파기와 같은 역할을 한다. 하지만 FSS는 공간상의 전자기파에 대해 다루어지므로 입사파의 편파, 입사각도 등에 따라 해석된다는 점에서 일반 초고주파 여파기와는 구분된다. 일반적으로 FSS의 주파수 특성은 다음과 같은 요소에 의해서 영향을 받게 된다.

- FSS 단위 셀의 기하학적 구조
- FSS 기판의 유전율 및 투자율
- FSS 단위 셀의 평면 및 다층 구조의 배열방법
- FSS로 입사되는 전자기파의 편파 및 입사각도

[그림 7-1]은 FSS 단위 셀을 기하학적인 구조의 형태에 따라 분류한 것이다. 그룹 1은 일반적인 다이폴 구조로 이루어져 있으며 각각의 폴(Pole)점들이 반 파장의 길이를 갖고 동작하게 된다. 그룹 2는 루프 형태의 구조로 원주가 약 한 파장의 길이를 갖고 동작하게 된다. 그룹 3은 직경이 반 파장의 길이를 갖고 공진하여 패치 안테나처럼 동작하게 되며 그룹 4는 이들 구조가 조합된 형태로 되어 있다.

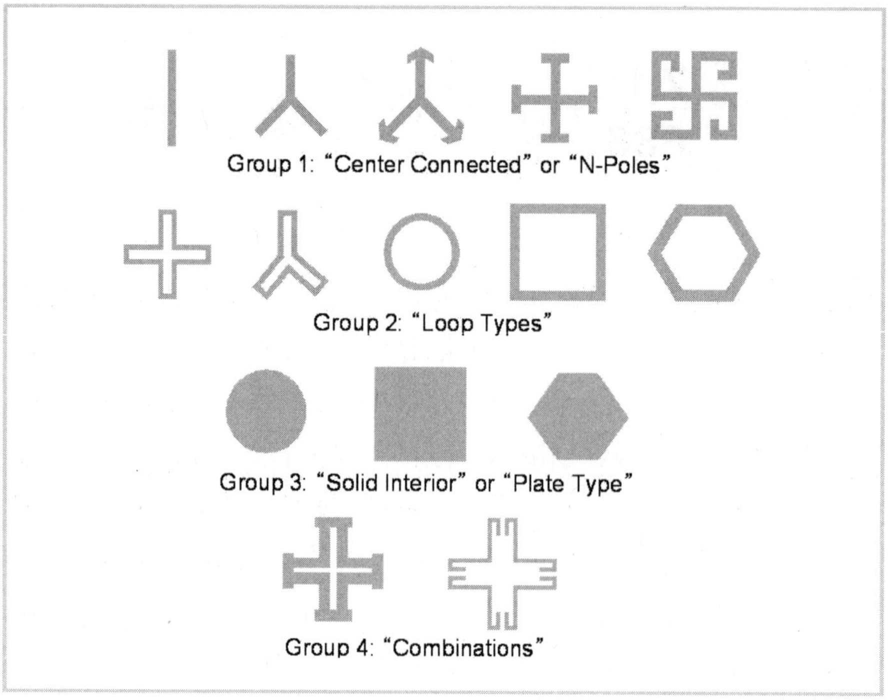

[그림 7-1] 여러 가지 FSS 단위 셀의 구조들

이외에도 FSS의 다양한 단위 셀 구조에 대한 연구가 많이 진행되어 왔다. 각각의 형태에 따라 구분된 그룹 별로 다음과 같은 특성을 갖는다.

- 그룹 1 : 반 파장 길이의 다이폴에 의해 동작하므로 비교적 단위 셀의 크기가 크다. 배열간격이 가까울수록 대역폭이 향상되지만 고조파(Harmonic) 성분이 기본 모드 주파수에 인접하게 된다.
- 그룹 2 : 기본 루프의 구조적 변형으로 인해 단위 셀의 소형화에 유리하다. 단위 셀의 소형화에 따라 배열간격을 좁혀 대역폭을 향상시키게 되고 그레이팅 로브의 발생을 억제하지만 구조가 복잡해짐으로 인하여 주파수 특성이 민감하게 된다.
- 그룹 3 : 기본적으로 직경이 반 파장 길이인 패치에 의해 동작하므로 단위 셀의 크기가 크고 구조적인 소형화가 불리하다. 배열

간격이 다른 구조에 비해 넓기 때문에 대역폭이 좁고 그레이팅 로브를 발생시키게 된다.

- 그룹 4 : 그룹 1, 2, 3에서 나타내어진 전형적인 구조들이 조합된 형태이다. 기존 구조의 조합에 의해 리액턴스 성분이 로딩(Loading)되어 FSS 단위 셀의 물리적인 크기를 소형화하는 데 유리한 구조이나 복잡한 구조로 인해 공정상의 오차가 크고 교차편파 레벨이 높아지게 되는 단점을 갖는다.

FSS의 주파수 선택적 특성을 Fabry-Perot(F-P) 이론에 접목하여 안테나의 이득을 향상시키는 기법에 대한 연구가 활발히 진행되고 있다. 광학에서의 F-P 공진이론을 이용하여 반사판으로 이루어진 F-P Cavity를 형성시키면 안테나의 이득을 향상시킬 수가 있게 된다. FSS가 특정 주파수대역을 차단하여 반사기로 사용될 경우에는 이를 부분 반사 표면(PRS : Partially Reflective Surface)이라고 부른다.

[그림 7-2]에 PRS와 완전도체(PEC : Perfect Electric Conductor)로 이루어진 공진 Cavity 구조를 나타내었다. 구조의 해석에 있어서 PRS는 완전 균일(Homogeneous)한 표면으로 가정한다.

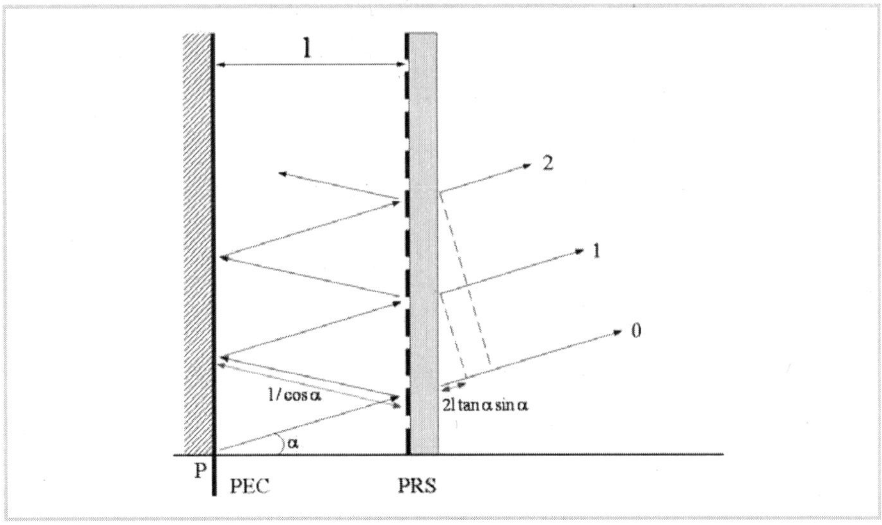

[그림 7-2] PRS와 PEC로 이루어진 공진 Cavity 구조

여기서, 일반적으로 마이크로스트립 패치 안테나 혹은 다이폴안테나가 전원(Source)으로 주로 사용된다. 전원, PRS, PEC로 전체적으로 공진 Cavity 구조를 이루게 되고 Cavity 내부의 반사경로에 따른 위상차에 의해 공진원리가 설명된다. 안테나의 지향성은 Cavity의 공진에 의해 PRS의 표면을 통해 방출되는 전송전력으로부터 결정된다.

전원이 PEC 위에 놓이게 되면 방사패턴 함수 $f(\alpha)$을 갖고 전원이 위치한 원점 P로부터 방사가 이루어지게 된다. PRS는 PEC로부터 거리 l만큼 떨어져 위치하고 두 반사판 사이의 반사가 이루어짐으로 인해 Cavity가 동작하게 된다. 여기서, PRS의 반사계수는 $pe^{j\psi}$로 하고 투과손실은 무시한다. 그림에서 투과파 0의 크기는 $\sqrt{1-p^2}$에 비례하고 투과파 1의 크기는 $p\sqrt{1-p^2}$에 비례하며 투과파 2의 크기는 $p^2\sqrt{1-p^2}$에 비례하게 된다. 투과파에 의한 벡터 합으로부터 전기장은 식 (7.1)과 같이 표현된다.

$$E = \sum_{n=0}^{\infty} f(\alpha) E_0 p^n \sqrt{1-p^2}\, e^{j\Theta_n} \tag{7.1}$$

여기서, Θ_n은 Cavity 내부에서의 반사에 따른 위상을 나타낸다.

투과파 0과 투과파 1 사이의 위상차 Θ_1은

$$\Theta_1 = \frac{2\pi}{\lambda} 2l \tan\alpha \sin\alpha - \frac{2\pi}{\lambda}\frac{2l}{\cos\alpha} - \pi + \psi \tag{7.2}$$

이고 투과파 2와 투과파 1 사이의 위상차 Θ_2는

$$\Theta_2 = \frac{2\pi}{\lambda} 4l \tan\alpha \sin\alpha - \frac{2\pi}{\lambda}\frac{4l}{\cos\alpha} - 2\pi + 2\psi \tag{7.3}$$

이다. 임의의 차수 n에 따른 투과파의 위상차 Θ_n은

$$\Theta_n = n\Phi = n\left[-\frac{4\pi}{\lambda} l \cos\alpha - \pi + \psi\right] \tag{7.4}$$

$p < 1$이므로

$$\sum_{n=0}^{\infty} (pe^{j\Phi})^n = \frac{1}{1-pe^{j\Phi}} \tag{7.5}$$

로 표현되며 식 (7.1)과 식 (7.5)를 이용하면 전계강도 $|E|$는

$$|E| = |E_0| f(\alpha) \sqrt{\frac{1-p^2}{1+p^2-2p\cos\Phi}} \tag{7.6}$$

따라서 방사패턴 함수 S은 식 (7.6)과 같이 구하여진다.

$$S = \frac{1-p^2}{1+p^2-2p\cos\left(\psi-\pi-\frac{4\pi}{\lambda}l\cos\alpha\right)} f^2(\alpha) \tag{7.7}$$

PEC의 반사계수는 $1e^{j\pi}$이고 PRS는 크기 p와 위상 ψ을 갖는다. 방사패턴은 입사각도에 따른 함수이고 $\alpha=0°$에서 최대 방사가 일어난다. 이때의 공진조건은 다음과 같다.

$$\psi-\pi-\frac{4\pi}{\lambda}l = 0 \tag{7.8}$$

따라서 반사판의 간격 l에 의한 공진조건은 식 (7.9)과 같다.

$$l_r = \left(\frac{\psi_0}{\pi}-1\right)\frac{\lambda}{4}+N\frac{\lambda}{2} \tag{7.9}$$

여기서, ψ_0는 PRS의 반사위상을 나타내고 N은 양의 정수이다. 따라서 $N=1$일 때, $l=\lambda/2$가 되어 공진하게 되고 이를 F-P Cavity 공진길이라 한다.

이러한 F-P 공진원리를 통해 FSS를 안테나의 덮개 층(Superstrate)으로 사용하여 평판형 안테나의 지향성을 향상시킬 수 있다. 이득 향상을 위하여 FSS를 PRS로 접목한 구조는 대부분 스트립 다이폴이나 사각 패치로 이루어져 있다. 이러한 방법은 안테나를 이루고 있는 접지면과 반 파장 공진길이에 의해 이득을 크게 증가시킬 수 있게 되지만 Cavity 내부의 반사에 의한 공진특성을 이용함으로 인해서 최대 이득을 기준으로 한 3[dB] 이득 대역폭이 좁다는 단점을 갖는다.

다음은 FSS 구조를 이루고 있는 소자들의 공진특성에 의해 얻어지는 주파수 선택적 특성에 대해 서술한다. 일반적으로 FSS는 도체패턴이나 슬롯(Slot) 형태의 소자가 주기적으로 반복된 구조로 되어 있다. 임의의 도체패턴으로 이루어진 구조의 경우 전기전류(Electric current)를 발생시키고 슬롯형태로 이루어진 구조의 경우는 자기전류(Magnetic current)를 발생시키게 된다. FSS의 대표적인 예로 다이폴배열과 슬롯 배열구조 및 등가회로를 [그림 7-3]에 나타내었다.

[그림 7-3]에서 나타난 바와 같이 다이폴 배열의 경우의 등가회로는 직렬 LC 회로로 나타내어지며 공진주파수에서 단락이 되므로 에너지는 반사시키는 대역저지 여파기로 동작하고 슬롯 배열의 경우는 공진주파수에서 병렬 LC 회로가 개방이 되어 에너지는 통과시키는 대역통과 여파기로 동작하게 되므로 주파수 선택적 특성을 나타내게 된다.

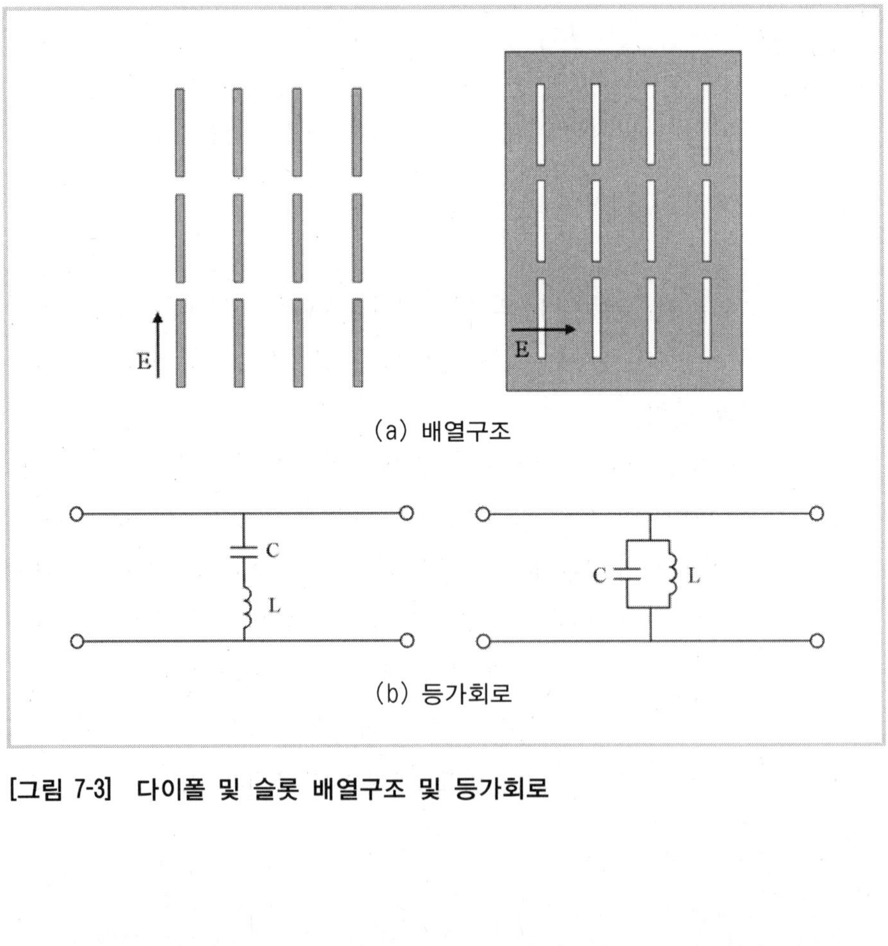

[그림 7-3] 다이폴 및 슬롯 배열구조 및 등가회로

즉 FSS 구조를 이루고 있는 단위 셀의 공진특성에 의해 통과 혹은 반사특성이 결정되고, 배열간격이 넓어질수록 대역폭이 좁아지고 그레이팅 로브가 발생하여 FSS 구조의 특성을 저해하게 된다. 또한 단위 셀의 구조가 복잡해지면 인접한 셀들의 간섭으로 인해 FSS 구조의 주파수 특성이 민감해짐을 확인할 수 있다. 실제 FSS 구조는 유전체 기판 상에 주기적인 구조를 형성하도록 설계된다. 이때 유전체 기판의 비유전율(ϵ_r)과 두께에 따라 동작주파수가 변하게 되며, [그림 7-4]에 유전체 기판의 비유전율 변화에 따른 FSS 구조의 동작주파수를 나타내었다.

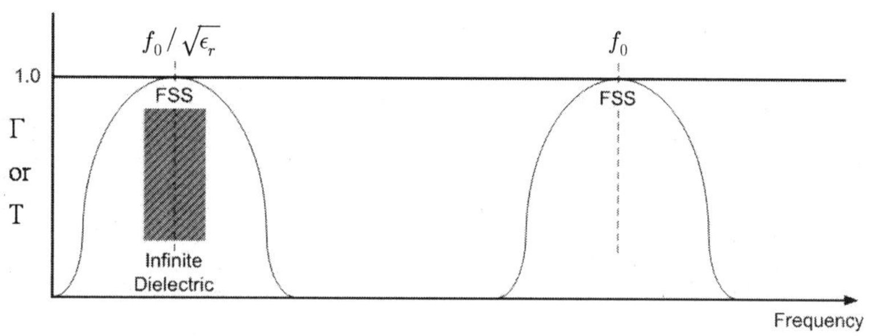

(a) 유전체의 두께가 무한일 경우

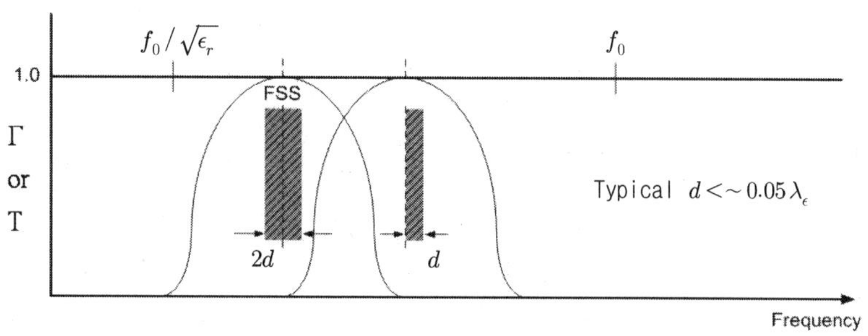

(b) 유전체의 두께가 유한일 경우

[그림 7-4] 기판 유전율의 변화에 따른 FSS 구조의 동작주파수

FSS 주기 구조의 양면이 두께가 무한한 길이를 갖는 유전체로 덮여 있을 경우에 실효유전율이 $(\epsilon_{eff})_{d\to\infty} \to \epsilon_r$가 되어 공진주파수가 f_0에서 $f_0/\sqrt{\epsilon_r}$으로 하향되게 된다. 유전체의 두께가 유한한 경우에도 실효유전율의 변화로 인해 동작주파수가 하향되게 된다. 유한한 양면 유전체의 경우에도 실효유전율은 $\epsilon_{eff} \to \epsilon_r$가 되고 단면인 경우엔 실효유전율이 $(\epsilon_{eff}) \to \dfrac{\epsilon_r + 1}{2}$가 된다. 일반적으로 사용되는 유전체의 두께(d)는 $0.05\lambda_\epsilon$ 이하의 값을 갖도록 한다.

낮은 주파수에서 FSS 구조의 단위 셀을 설계하는 경우에는 셀의 크기가 커지게 되므로 셀의 크기를 소형화시키는 기법이 필요하다. 기판의 비유전율이 10.2이고 두께가 50[mil](약 1.27mm)인 유전체 기판을 사용하여 슬롯 구조로 설계하는 경우를 가정하여 본다.

[그림 7-5]에 슬롯 구조를 갖는 단위 셀 구조와 등가회로를 나타내었다. 이러한 구조에서는 슬롯의 간격에 의한 커패시턴스 성분과 슬롯을 이루고 있는 도체 면에 흐르는 전류에 의한 인덕턴스 성분이 병렬 LC 구조를 이루고 있다. 슬롯 구조의 폭(gw)과 길이(gl)의 변화를 통해 인덕턴스와 커패시턴스 값을 조절하면 동작주파수를 결정할 수 있다.

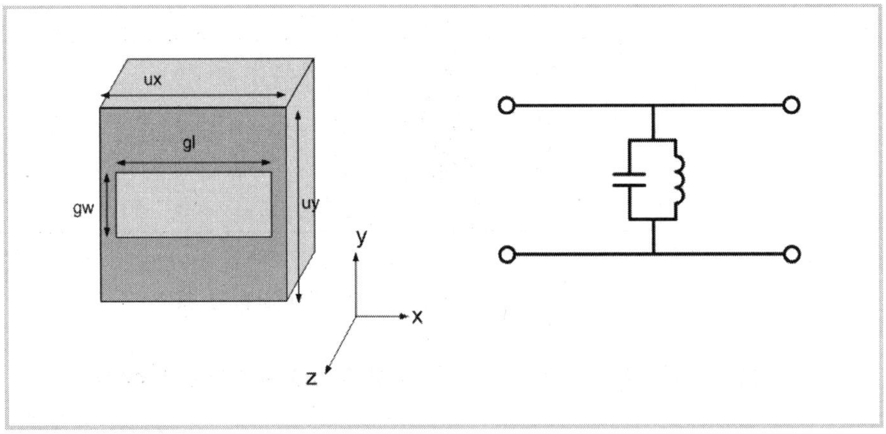

[그림 7-5] 슬롯 구조와 등가회로

단위 셀의 간격 ux와 uy는 각각 20[mm]로 고정하고 슬롯의 폭과 길이의 변화에 따른 동작주파수 변화를 [그림 7-6]과 [그림 7-7]에 나타내었다. 슬롯의 길이가 증가하게 되면 슬롯을 이루고 있는 도체 면에 전류 경로에 의한 인덕턴스 성분의 증가로 인해 동작주파수가 하향하게 되며, 슬롯의 폭을 감소시키면 커패시턴스 성분의 증가로 인해 동작주파수가 하향하게 되나 커패시턴스 성분이 크기가 크게 변화되지 않는 경우에는 동작주파수의 변화는 크지 않다.

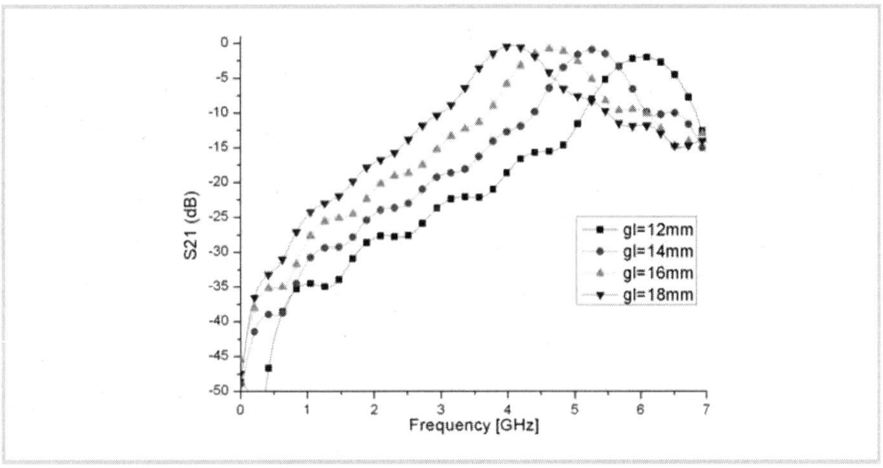

[그림 7-6] 슬롯 길이 변화에 따른 통과특성 변화(gw=2mm)

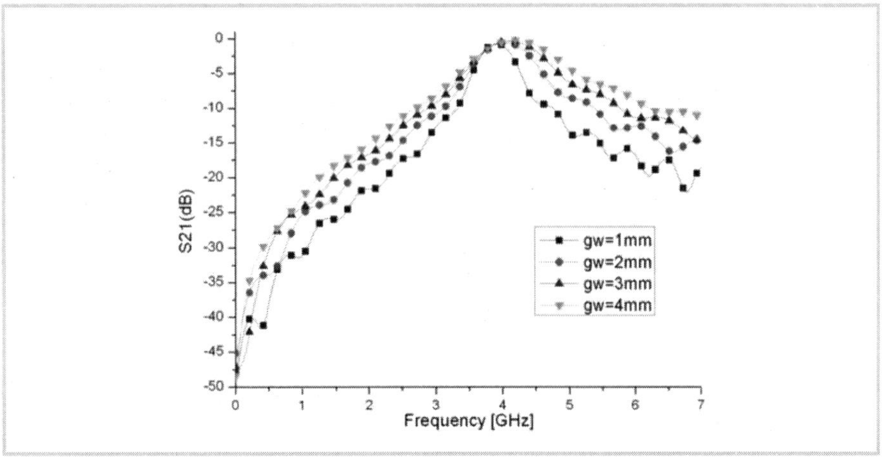

[그림 7-7] 슬롯 폭 변화에 따른 통과특성 변화(gl=18mm)

슬롯 구조의 커패시턴스와 인덕턴스 성분을 변화시켜 동작주파수를 조절할 수 있음을 확인하였다. 단위 셀의 크기 20mm×20mm에서 4[GHz] 대역까지는 하향시키는 것이 가능하나 단일 슬롯 구조만으로는 2[GHz] 대역까지 하향시키는 데에는 한계가 있다.

단일 공진기 구조로 동작주파수를 하향시키기 위해서는 단위 셀의 물리적인 크기가 커져야 하므로, 슬롯 형태의 병렬 LC 공진구조에 링이나 다이폴 형태의 직렬 LC 공진구조를 병렬로 결합하여 단위 셀을 소형화 기법의 사용이 바람직하다.

이 경우에 슬롯 형태의 구조는 대역 통과 특성을 나타내고 링이나 다이폴 형태의 구조는 대역 저지 특성을 나타내며 서로 상보적인 전송특성을 갖게 된다. 슬롯 구조의 통과대역 내에 대역 저지 특성의 모드를 발생시키면 동작주파수가 하향되면서 새로운 공진특성이 나타내게 된다. 따라서 서로 다른 주파수 특성의 구조의 단위 셀들을 결합하는 방법을 이용하여 새로운 모드를 발생시켜 단위 셀의 크기를 소형화시키고 안테나의 이득 등에 응용하는 것이 가능하다.

직사각형 슬롯 구조와 원형 링 구조를 유전체 기판 상의 양면에 위치시킨 구조를 [그림 7-8]에 나타내었다.

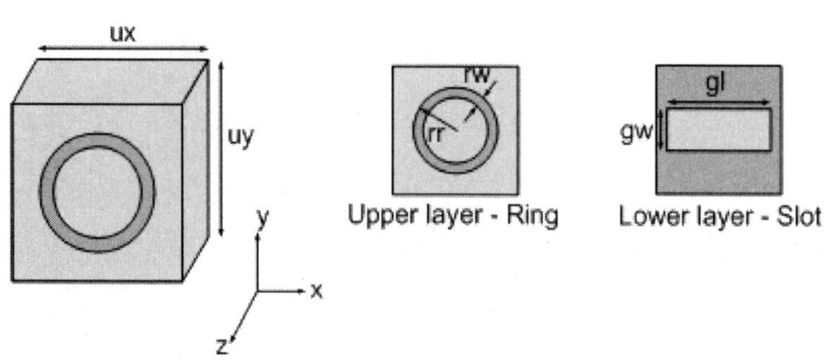

(ux = uy = 20mm, gw = 2.4mm, gl = 18mm, rw = 0.5mm, rr = 7.5mm)

[그림 7-8] 직사각형 슬롯과 원형 링 형태의 단위 셀의 구조

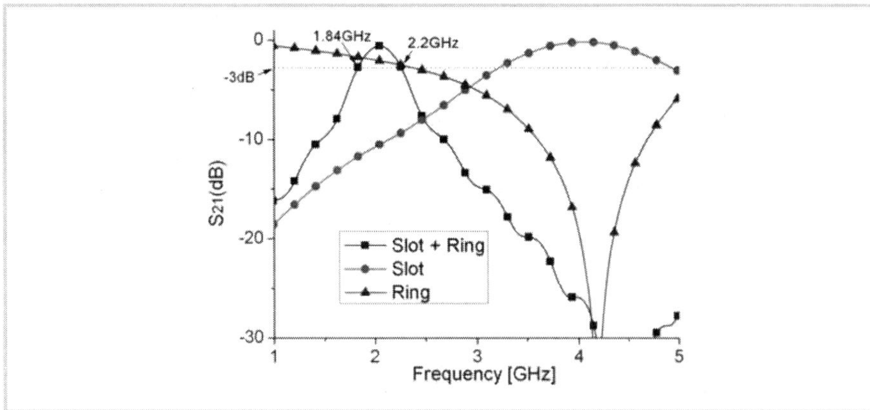

[그림 7-9] 단위 셀 구조의 통과특성

[그림 7-8]의 단위 셀 구조에 대한 주파수 특성을 [그림 7-9]에 나타내었다. 슬롯과 링의 복합구조를 사용하면 단일슬롯만을 사용한 구조에 비하여 좀 더 낮은 주파수 대역(1.84~2.2GHz)에서 통과대역 특성을 나타내게 되므로 상대적으로 단위 셀의 크기를 축소시킨 효과를 얻을 수 있다.

9×9개의 단위 셀로 구성된 FSS 구조를 다이폴안테나와 결합시킨 복합안테나 구조를 [그림 7-10]에 나타내었다.

구성된 안테나는 Fabry-Perot 공진 캐비티로 동작되도록 다이폴과 FSS 사이의 거리를 조정하면 FSS 구조가 안테나의 이득을 증가시킬 수 있는 일종의 덮개 층으로 사용될 수 있다.

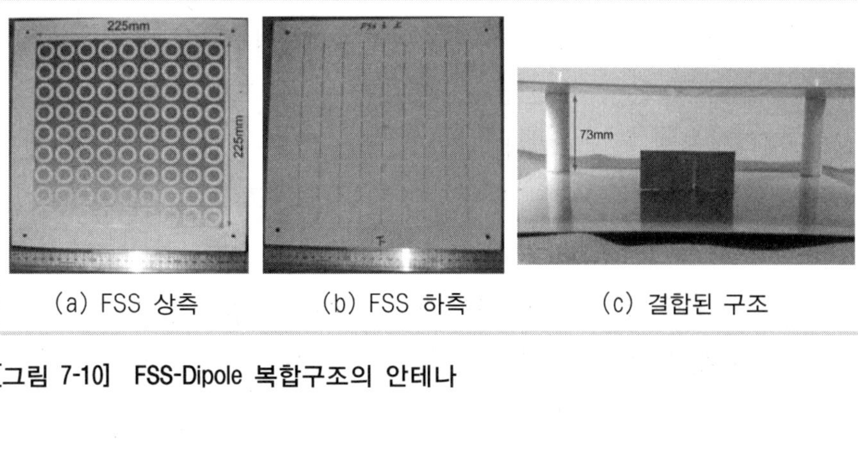

(a) FSS 상측 (b) FSS 하측 (c) 결합된 구조

[그림 7-10] FSS-Dipole 복합구조의 안테나

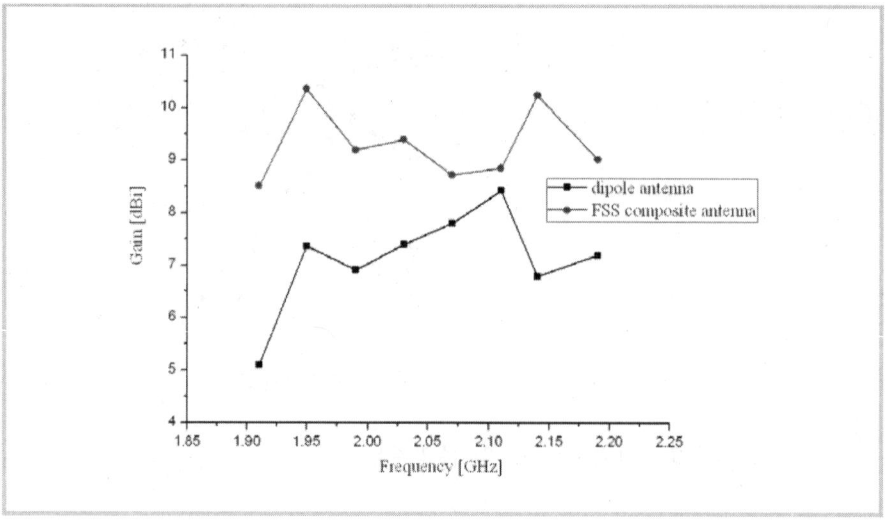

[그림 7-11] FSS-Dipole 복합구조의 안테나 이득

[그림 7-11]에 측정된 안테나의 이득을 비교한 결과를 나타내었다. 사용된 단일 다이폴안테나에 비하여 평균적으로 약 2.5[dBi] 이상의 이득 증가를 확인할 수 있다.

7.2 Soft-surface

안테나의 후방 방사를 줄이기 위한 방법으로 표면파를 저감하는 방법이 있으며, 표면파 저감을 위하여 소프트 표면을 이용하는 연구가 다양하게 진행되었다. 소프트 표면을 주기적으로 배열하면 전파의 특성이나 전계와 자계에서 나타나는 경계조건을 조절할 수 있기 때문에 많은 분야에서 이러한 특성을 응용하고 있다.

대표적인 구조에는 Photonics band gap structure(PBG), Electromagnetic bandgap structure(EBG), Artificial magnetic conductor(AMC) 등이 있다.

인공적인 주름구조(Corrugate structure)는 1966년 혼(Horn) 안테나에 적용하여 사용되기 시작했으며, 이는 소프트 표면의 대표적인 구조로 수평·수직 편파를 모두 차단하여 전파를 통과하지 못하게 하는 역할을 한다. 주름구조는 또한 저지대역 특성을 가지기 때문에 패치, 다이폴 타입 등 공진형 안테나에서 상호 커플링 현상을 줄이는 방법 등에도 응용되고 있다.

1986년 Barlow, Cullen, Wait와 Kildal 교수 연구팀은 저지대역을 갖는 소프트 표면을 안테나에 적용하여 표면파 억제 특성을 연구하였다. 이후 1990년대 초 UCLA의 Sievenpiper 연구팀은 고임피던스 전자기 표면에 관한 중요한 연구결과를 발표하였다. AMC 접지면을 머쉬룸 형태로 구현하였으며 이러한 형태의 소프트 표면은 기존 주름구조의 소프트 표면이 한 방향으로 진행하는 전파의 저지 특성을 갖는 것에 비해 양방향에서 수직·수평 편파를 모두 차단하는 특성을 가지기 때문에 다양한 분야에 응용이 가능하게 하였다.

(1) 소프트 표면과 하드 표면

인공적인 소프트 표면과 하드 표면을 [그림 7-12]와 같이 구현할 때 경계조건에 따라 수직·수평 편파의 투과·저지 특성에 따라 표면을 3가지로 정의할 수 있으며 경계조건과 3가지 타입의 표면을 〈표 7-1〉에 나타내었다.

〈표 7-1〉 경계 조건에 따른 표면 분류

표면의 종류	경계 조건	표면에서 수평편파	표면에서 수직편파
도체 표면	$E_{HOR} = 0$ $\partial E_{VER}/\partial n = 0$	통과 못함	통과
소프트 표면	$E_{HOR} = 0$ $E_{VER} = 0$	통과 못함	통과 못함
하드 표면	$\partial E_{HOR}/\partial n = 0$ $\partial E_{VER}/\partial n = 0$	통과	통과

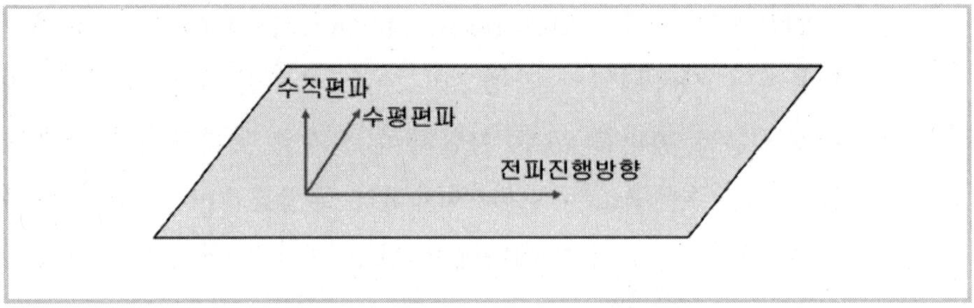

[그림 7-12] 도체 표면에서의 전파의 수직·수평 편파

EBG의 2-D 구조의 일종인 고임피던스 표면은 주름구조의 변형된 형태로 [그림 7-13 (a)]와 같이 스트립 선로와 비아로 연결된 형태와 [그림 7-13 (b)]의 머쉬룸 모양 구조가 대표적이다. 셀의 주기가 매우 작으며, 특정 주파수 대역에서 표면파의 전파가 이루어지지 않는 차단 대역 또는 금지대역 특성을 보인다.

[그림 7-13 (a)]의 스트립 선로 구조는 표면파와 수직한 방향일 때만 차단특성이 나타나지만 [그림 7-13 (b)]의 머쉬룸 모양 구조는 수직, 방향 모두 차단특성을 나타내므로 이러한 구조를 안테나 설계에서 표면파 차단이나 두 안테나 사이의 격리도 향상 등에 응용할 수 있다.

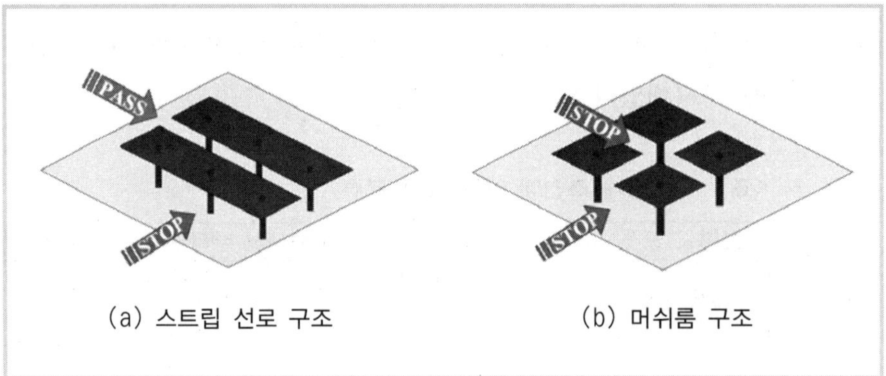

[그림 7-13] 소프트 표면 구조

최근에는 [그림 7-14]에 나타난 바와 같이 기존의 소프트 표면과 달리 접지면이 독립된 구조를 갖는 소프트 표면 구조가 연구되고 있다. 접지면이 독립된 구조를 사용할 경우 기존 소프트 표면 구조보다 소형화가 가능하며 표면파 차단특성이 우수하게 나타나므로 패치 안테나 등의 후방방사 특성을 개선하는 데 효과적이다.

[그림 7-14] 접지면이 독립된 머쉬룸 형태의 소프트 표면

UMTS 대역(중심주파수 2.045GHz)에서 저지대역을 형성하는 소프트 표면의 단위 셀 구조를 [그림 7-15]에 나타내었다. 평행한 두 평판은 안테나에 적용할 때 수직·수평 방향 표면파를 모두 억제할 수 있도록 $w = l = 6.85$[mm]를 만족하는 정사각형 구조를 가지며 선택하였으며 비유전상수 10.2로 채워진 높이 $h = 1.27$[mm] 되는 코너 비아의 형태로 설계되었다.

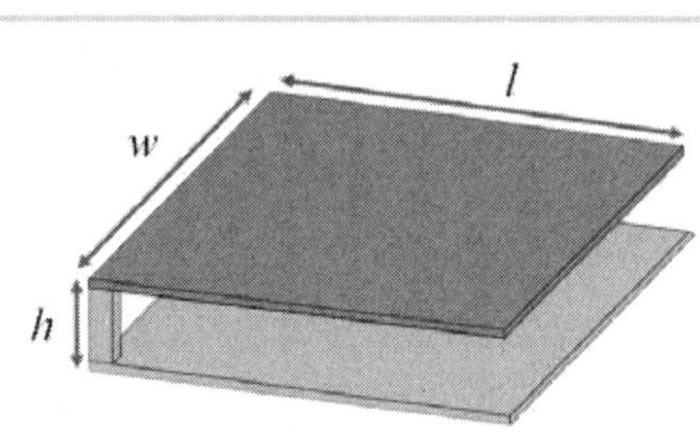

[그림 7-15] 코너 비아를 갖는 형태의 단위 셀

두 평판 사이의 커패시턴스는 3.3[pF]이며 평판의 인덕턴스 L_P과 비아의 인덕턴스 L_S의 값은 1.8[nH]이다. 이 구조의 특성을 파악하기 위한 평행도파관 구조 및 등가회로를 각각 [그림 7-16] 및 [그림 7-17]에 나타내었다.

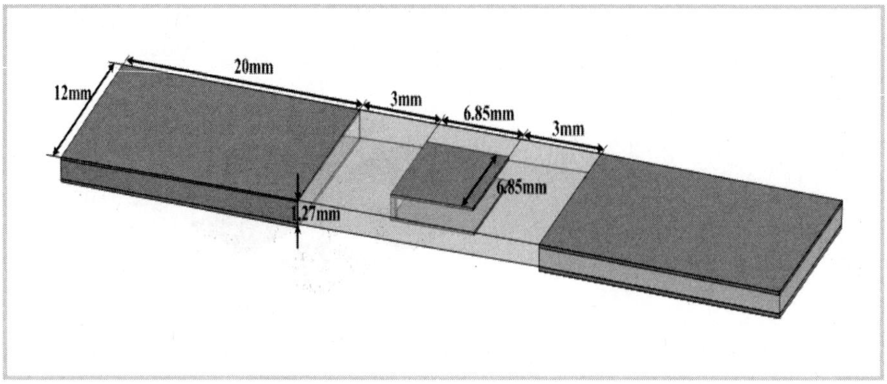

[그림 7-16] 평행도파관 모의실험 구조

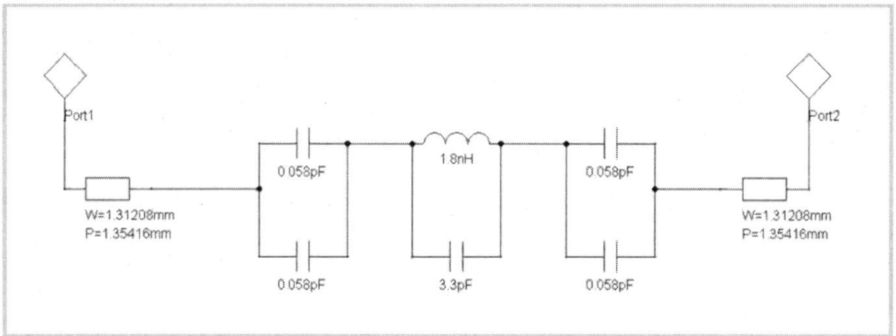

[그림 7-17] 등가회로

Ansoft사 Designer와 3-D 전자기장 모의실험 프로그램 CST사의 MWS를 사용하여 2-D, 3-D 모의실험을 한 전달특성을 각각 [그림 7-18]과 [그림 7-19]에 나타내었다. 두 실험 모두 2.045[GHz]에서 저지대역 특성이 나타나는 것을 확인할 수 있었다.

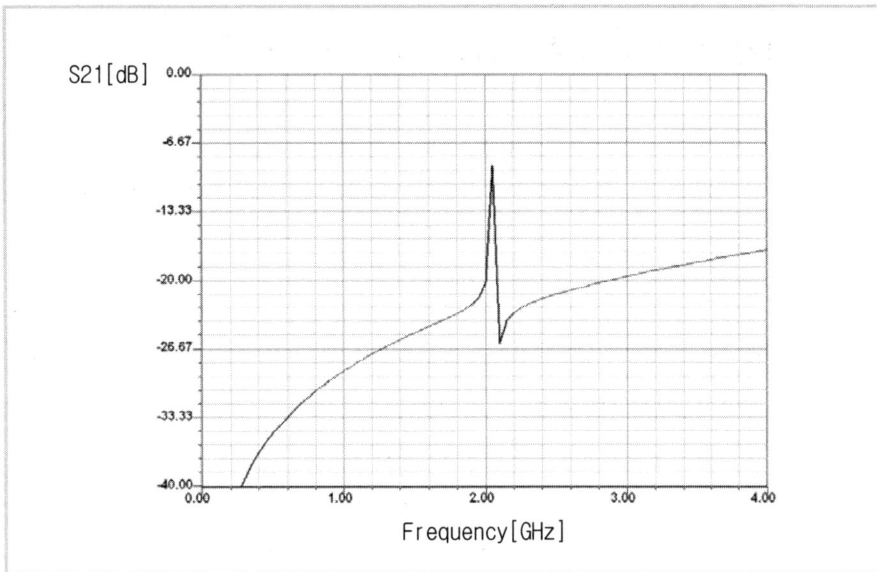

[그림 7-18] 2-D 모의실험에 의한 투과계수

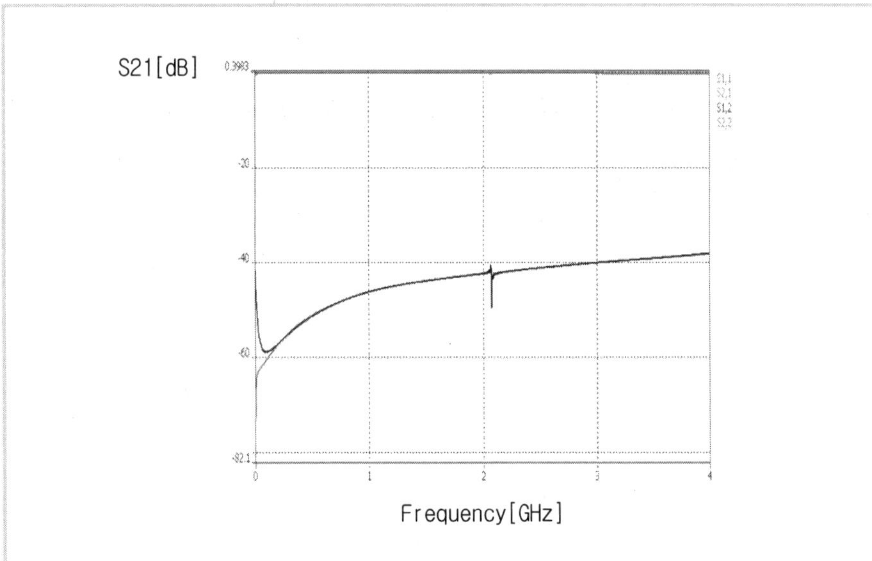

[그림 7-19] 3-D 모의실험에 의한 투과계수

(2) 두 개의 패치 안테나 사이의 격리특성

앞에서 설계한 접지면에서 분리된 머쉬룸 모양의 소프트 표면 구조를 기존의 소프트 표면의 대표적인 구조인 스트립 선로 구조, 머쉬룸 모양 구조와 저지대역 특성을 실험을 통해 검증하고 비교한다. [그림 7-20]에 나타낸 바와 같이 중심주파수 2.045[GHz]에서 공진하는 두 개의 마이크로스트립 패치 안테나를 반 파장(자유공간파장) 거리를 두고 배열한 경우에 안테나 사이의 전달특성을 [그림 7-21]에 나타내었다.

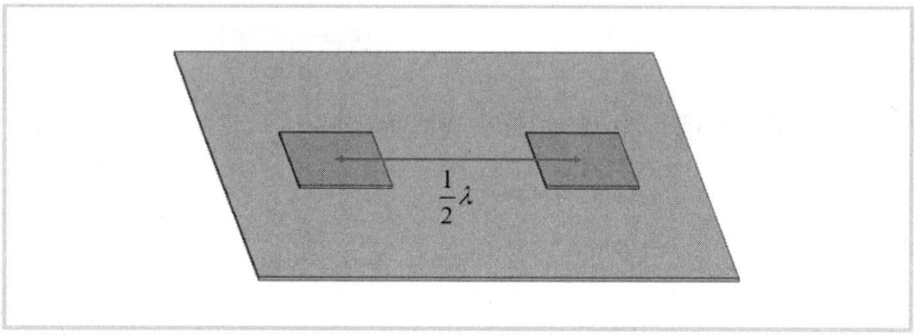

[그림 7-20] 이격거리가 반 파장인 두 개의 패치 안테나

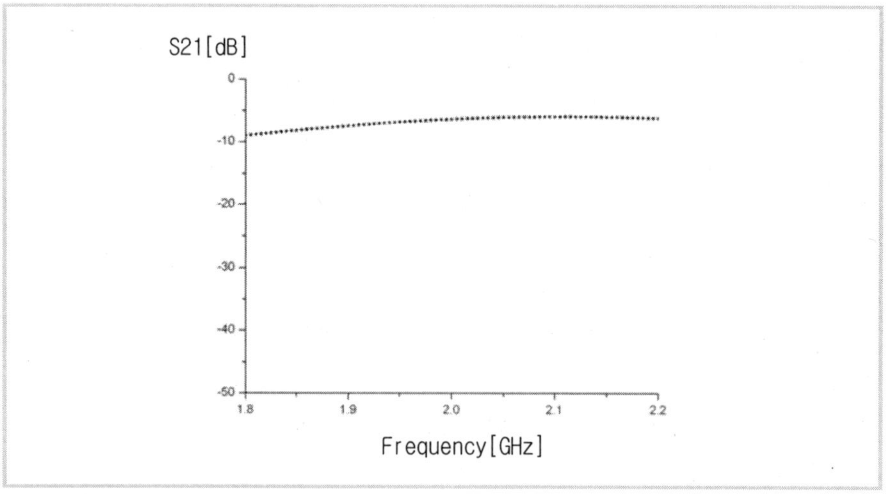

[그림 7-21] 두 개의 패치 안테나 사이의 전달특성

기존의 소프트 표면의 구조인 스트립 라인 구조, 머쉬룸 모양 구조 및 독립된 소프트 표면 셀들을 각각 3열로 부설한 경우의 전달특성을 비교한 결과를 [그림 7-22]에 나타내었다.

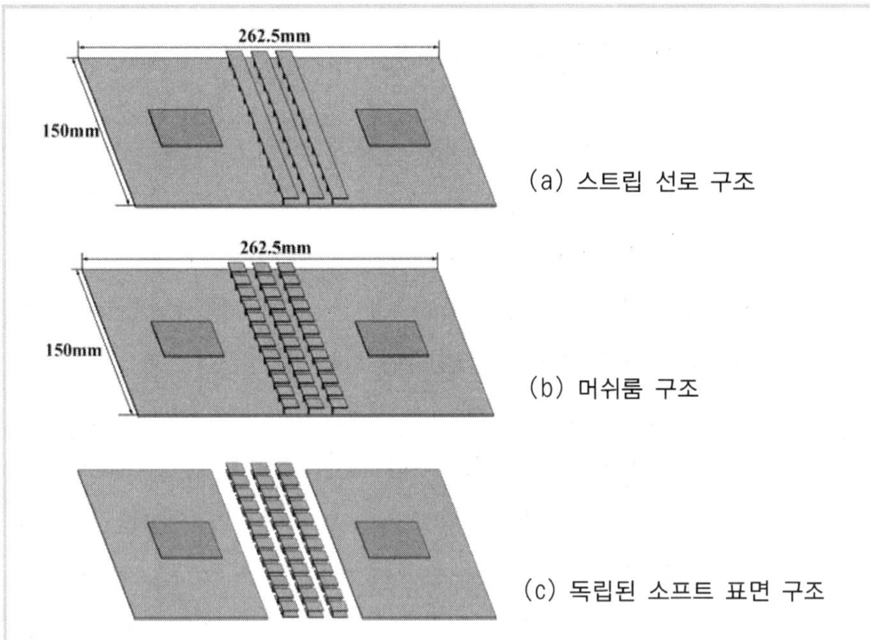

[그림 7-22] 3열 소프트 표면 구조

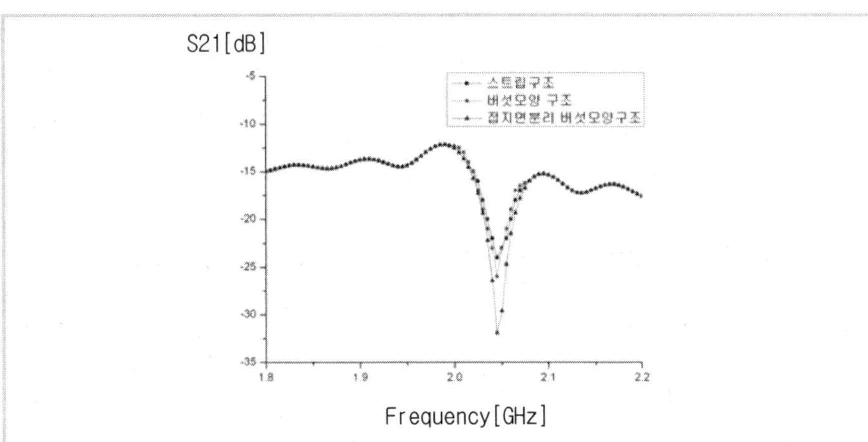

[그림 7-23] 소프트 표면의 투과특성 비교

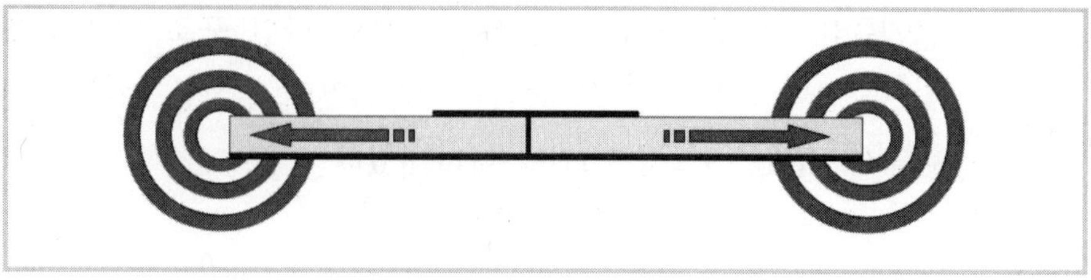

[그림 7-24] 표면파에 의한 회절현상

[그림 7-24]에 나타낸 바와 같이 마이크로스트립 패치 안테나에서 접지면을 따라서 표면파가 흐르게 되며 유한한 크기의 접지면의 끝단에서는 회절현상이 발생하게 된다. 이러한 회절파의 일부는 패치 안테나에서 방사되는 공간파와 결합되어져 일부는 안테나 전방으로 방사하지만, 동시에 안테나의 후방으로 방사된다.

안테나를 설계하는 경우에 사용되는 안테나의 접지면 크기를 크게 할 수 없으므로 접지면의 크기가 감소할수록 안테나의 후방 방사가 증가되는 단점을 나타내게 된다. 이러한 경우에 접지면 부근에 소프트 표면을 위치시켜 안테나 후방 방사파의 크기를 개선할 수 있다.

마이크로스트립 패치 안테나는 자유공간상의 파장 λ의 길이를 가지는 정사각형 기판을 기준으로 〈표 7-2〉와 같이 서로 다른 크기를 갖는 네 가지 타입으로 모의실험 하였다.

모의실험에 사용한 기판은 비유전상수 10.2, 높이 1.27[mm]를 갖는 Rogers사의 RO3210 기판과 동일하게 설계하여 실험하였으며 실험에 사용된 안테나는 모두 2.045[GHz]에서 동작하도록 $0.5\lambda_g$(21.8mm)길이를 갖는 반 파장 마이크로스트립 패치 안테나를 사용하였다.

〈표 7-2〉 서로 다른 길이를 갖는 4가지 타입의 패치 안테나

항목 / 종류	유전체 기판의 한 변의 길이	접지면의 한 변의 길이	패치 안테나 길이
Type 1	λ (150mm)	λ (150mm)	$0.5\lambda_g$ (21.8mm)
Type 2	λ (150mm)	0.5λ (75mm)	$0.5\lambda_g$ (21.8mm)
Type 3	λ (150mm)	0.75λ (105mm)	$0.5\lambda_g$ (21.8mm)

[그림 7-25]에 3가지 타입의 안테나 구조를 나타내었다.

3가지 타입의 마이크로스트립 안테나들은 유전체 기판 위의 윗면은 동일한 반 파장 길이의 패치 안테나([그림 7-25]의 좌측열 참조)로 설계하였으며 아랫면([그림 7-25]의 우측열 참조)은 접지면을 나타내고 있으며 그림에서 밝은 부분은 유전체 부분을 나타내었다.

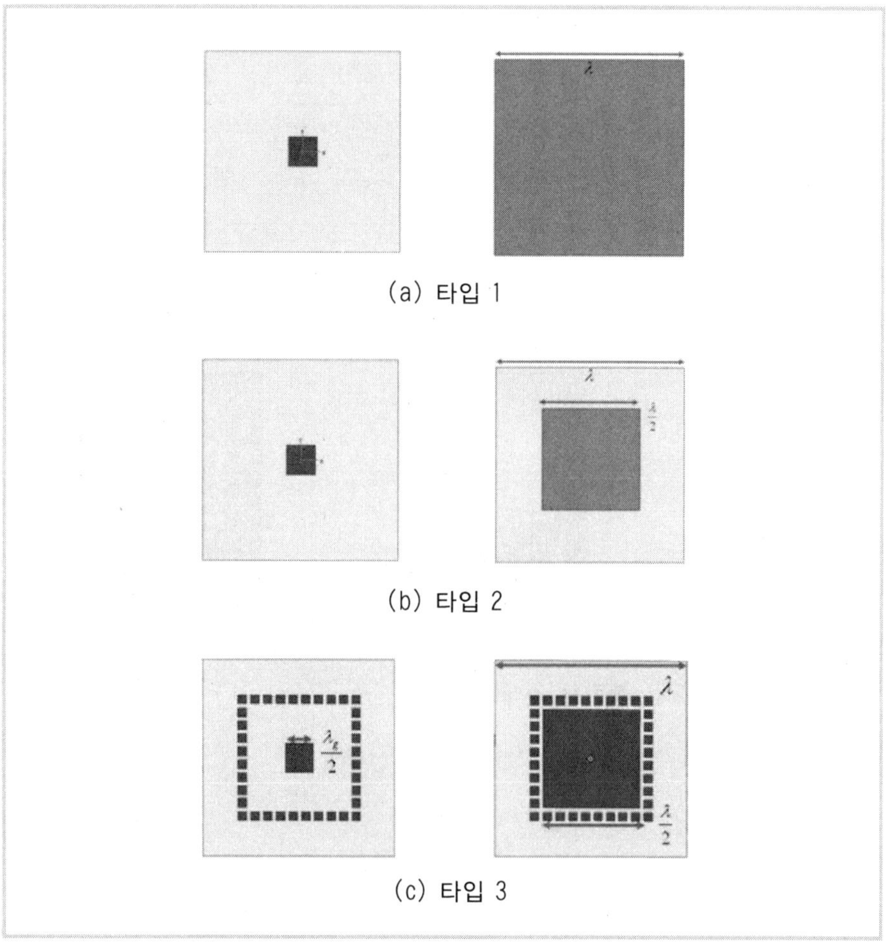

(a) 타입 1

(b) 타입 2

(c) 타입 3

[그림 7-25] 여러 가지 형태의 마이크로스트립 안테나

[그림 7-25]의 3가지 형태의 안테나에 대한 안테나 전후방비(Front-to-back ratio)를 〈표 7-3〉에 나타내었다.

<표 7-3> 안테나 전후방비 비교

Antenna	Forward gain(dBi)	Backward gain(dBi)	Front-to-back ratio (dB)
Type 1	6.7	−7	13.7
Type 2	5.7	−14	19.7
Type 3	5.7	−19	24.7

안테나의 접지면을 감소시키면 안테나의 전방이득이 감소되며, 안테나의 접지면 부근에 독립된 소프트 표면을 설치하면 안테나의 후방방사가 크게 감소되므로 결과적으로 안테나의 전후방비는 크게 개선될 수 있음을 나타낸다. [그림 7-26]은 타입 3의 안테나의 제작된 사진이며, 이러한 안테나의 방사패턴의 모의실험 값과 측정된 값의 비교를 [그림 7-27]에 나타내었다.

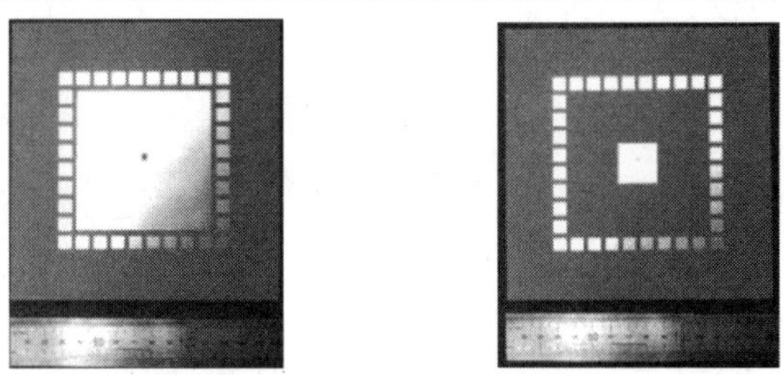

(a) 앞면 (b) 뒷면

[그림 7-26] 제작된 안테나 사진

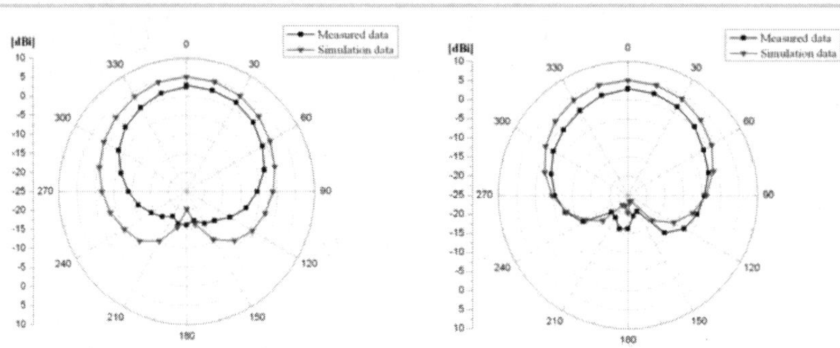

(a) xz 평면 (b) yz 평면

[그림 7-27] 방사패턴 비교

7.3 가변정합회로

이동통신 기술이 급속도로 발달함에 따라 기존적인 통신 서비스 이외에 휴대폰 단말기에서 지원하는 서비스 대역이 지속적으로 늘어나고 있다. 즉 GPS, Bluetooth, Wibro, 멀티미디어 방송서비스(T-DMB, S-DMB) 등과 같은 부과서비스들을 추가적으로 요구하고 있어, 휴대폰 안테나에서 지원해야 하는 서비스 대역은 0.7[GHz]부터 최대 2.7[GHz]까지의 주파수를 지원해야 한다.

이에 따라서 이동형 핸드셋 단말기 설계자들이 직면하고 있는 문제 중 하나는 다중 밴드 및 다중 모드 휴대폰용으로 사용하기에는 안테나의 성능이 낮다는 것이다.

현재와 같은 고정 L과 C를 사용한 고정정합(fixed matching) 기법은 모든 주파수 대역에 걸쳐 안테나의 임피던스 정합을 기할 수 없으며, 단말기의 상태와 사용자의 인체의 영향에 따라 각기 다른 특성을 나타내게 된다.

이러한 고정 매칭 시스템의 문제점을 해결하기 위해 최근 주목을 받고 있는 기술이 가변정합(tunable matching) 기법이다. 이러한 기법을 적용하면 다양한 상황에 맞게 휴대폰 안테나의 매칭 특성을 최적화시켜 주는 장점이 있다.

가변정합 시스템은 기존에 사용하던 고정된 L, C를 사용하는 정합회로 대신에 가변 커패시턴스를 사용한 개방루프형 또는 적응형 폐쇄루프형 회로를 사용한다.

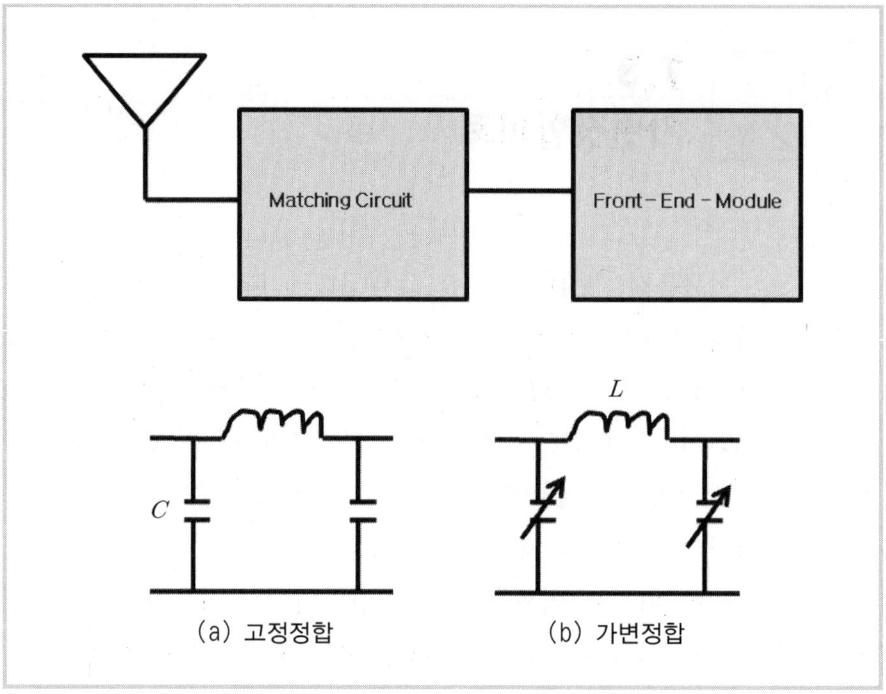

[그림 7-28] 안테나 정합회로

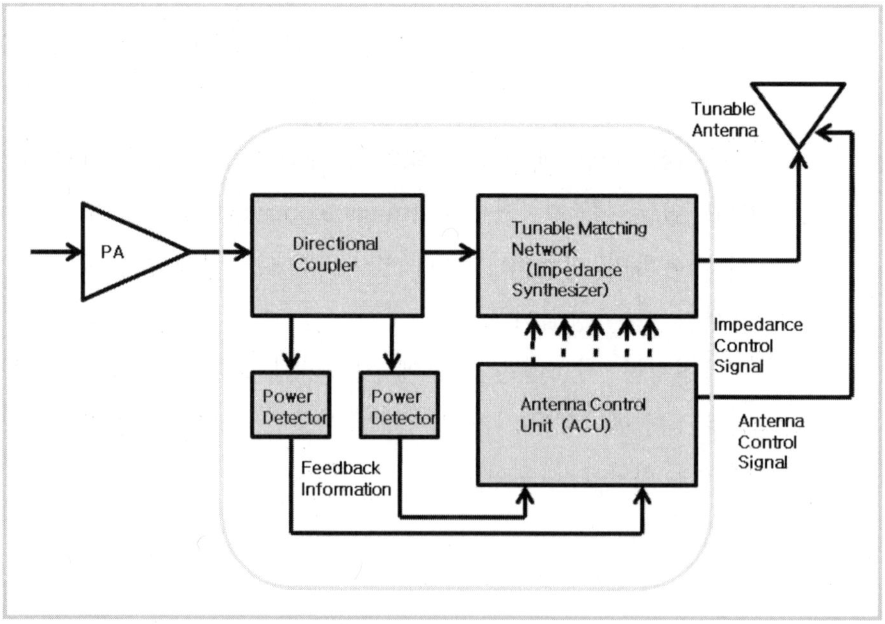

[그림 7-29] 적응형 폐쇄 루프안테나 조정회로 구성도

[그림 7-29]에 적응형 폐쇄 루프안테나 조정회로 구성도를 나타내었다. 가변정합 회로망은 기본적으로 [그림 7-28 (b)]에 나타낸 바와 같이 π형 LC 회로망이며, 일반적으로 가변 커패시터는 다수의 스위칭 커패시터를 사용하여 구성된다. 이러한 용도로 사용되는 RF 스위치에는 PIN 다이오드, FET 스위치, RF MEMS 스위치가 사용되며, 가변정합 회로망의 입력단의 입사파와 반사파들을 방향성결합기와 전력 검출기를 사용하여 측정된 신호들을 안테나 조정회로(ACU)에 궤환신호로 공급하고 있다. 가변정합 회로망의 임피던스를 재구성하기 위하여 안테나 조정회로의 출력은 일련의 디지틀 신호가 사용된다. [그림 7-30]에 저역통과 필터 형태의 기본적인 π형 정합회로를 나타내었다.

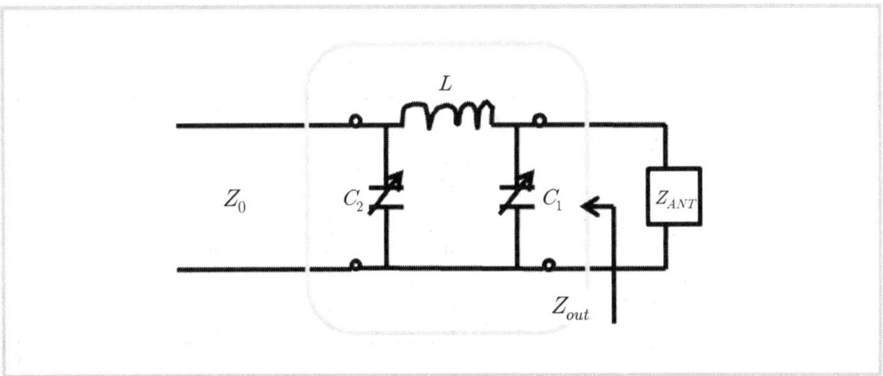

[그림 7-30] 저역통과 필터 형태의 π형 정합회로

입력임피던스가 Z_{ANT}인 안테나를 특성임피던스가 Z_0인 선로와 정합시키기 위하여 π형 정합회로를 사용하였을 경우에 주파수 f_0에서 안테나의 입력단에서 정합회로 측을 들여다본 임피던스 Z_{out}는

$$Z_{out} = \frac{1}{\dfrac{1}{\dfrac{1}{(1/Z_0 + jB_2)} + jX_L} + jB_1} \tag{7.10}$$

여기서, $X_L = 2\pi f_0 L$, $B_1 = 2\pi f_0 C_1$, $B_2 = 2\pi f_0 C_2$이다.

안테나에 최대 전력이 전달되기 위한 조건은 $Z_{ANT} = Zout^*$ 이므로 이를 위한 안테나의 입력임피던스 값은

$$Z_{ANT} = \cfrac{1}{\cfrac{1}{\cfrac{1}{(1/Z_0 - jB_2)} - jX_L} - jB_1} \tag{7.11}$$

으로 나타난다. 이는 π형 정합회로를 구성하는 L, C_1, C_2값을 조정함으로써 달성될 수 있다. 이러한 가변커패시터를 이진 스위칭 커패시터 배열(binary switched capacitor array)로 구성한 예를 [그림 7-31]에 나타내었다.

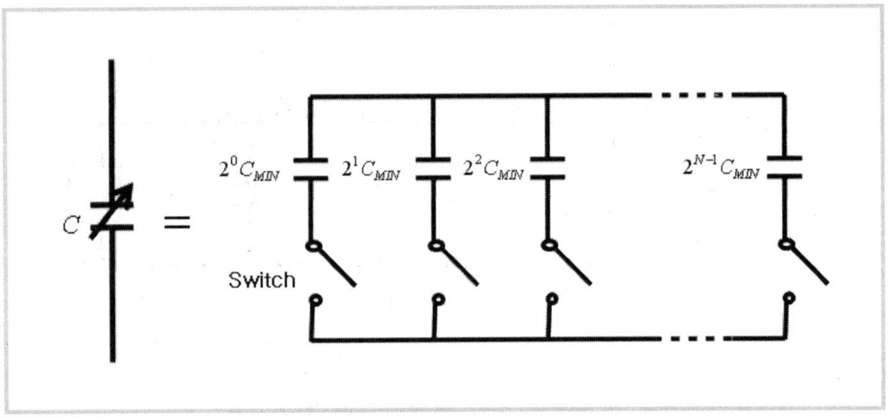

[그림 7-31] 이진 스위칭 커패시터 배열

N개의 이진 스위칭 커패시터 배열로 구성된 가변 커패시터의 전체 용량 C는

$$C = (a_0 2^0 + a_1 2^1 + a_2 2^2 + \ldots\ldots + a_{N-1} 2^{n-1}) C_{MIN}$$

으로 나타나며, 여기서 C_{MIN}은 최소 단위 커패시터 값이며 이진수의 계수 a_0, a_1, a_2 등은 1 또는 0의 값을 갖는다. 따라서 고정된 값을 갖는 커패시터들의 스위칭 작용에 의하여 등가 커패시터 값 C는 0~

$(2N-1)C_{MIN}$ 범위의 값을 나타내게 된다. C_{MIN} 값은 임피던스 정합이 가능한 영역의 정확도를 결정하게 되며, 커패시터의 수 N은 C값의 최대 크기를 결정하게 된다. 이러한 용도로 사용되는 스위칭 커패시터들의 구조로는 기생소자들에 의한 영향이 적으며, 선형성을 잘 유지할 수 있는 동시에 저가격으로 양산이 가능한 RF MEMS(Micro Electro Mechanical Systems) 스위치가 사용되고 있다.

[그림 7-30]에 나타낸 두 개의 가변 커패시터들을 이러한 N개의 이진 스위칭 커패시터 배열로 구성하였을 경우에 총 커패시터 값은

$$C_1 = (a_0 2^0 + a_1 2^1 + a_2 2^2 + \ldots\ldots + a_{N-1} 2^{N_1 - 1})C_{1MIN}$$

$$C_2 = (b_0 2^0 + b_1 2^1 + b_2 2^2 + \ldots\ldots + b_{N-1} 2^{N_2 - 1})C_{2MIN}$$

으로 나타나며, $N = N_1 + N_2$인 경우에 스위칭 작용에 의하여 총 2^N개의 서로 다른 정합 상태를 나타낼 수 있게 된다. C_{1MIN}과 C_{2MIN} 값은 이러한 정합회로의 동적영역과 정밀도를 결정하게 되며, C_{1MIN}과 C_{2MIN} 값을 감소시킬수록 동적영역은 감소되지만 정밀도는 증가하게 된다.

[그림 7-32]는 총 10개의 커패시터($N_1 = N_2 = 5, N = 2^{10} = 1024$)를 사용한 경우에 주파수 f에서 정합영역을 나타내고 있다.

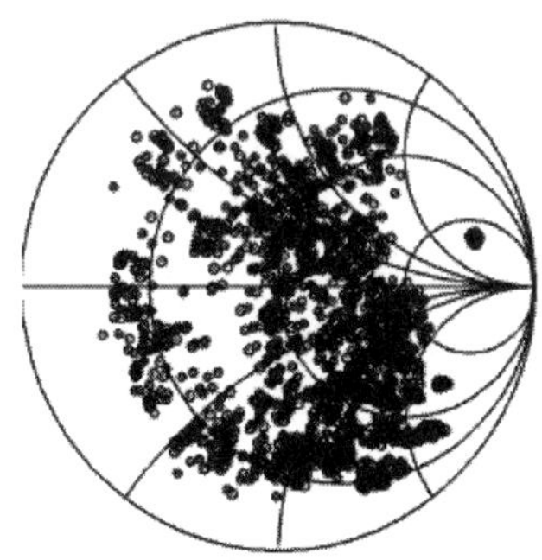

[그림 7-32] 정합영역

스미스 도표 상에 나타난 각각의 점들은 선로의 특성임피던스 ($Z_0 = 50\ \Omega$)에 정확하게 정합될 수 있는 안테나의 입력임피던스를 의미한다. 실제에 있어서 사용하는 스위칭 소자들로 인한 손실 문제와 기생효과 등으로 인하여 이들로 인한 성능의 저하가 문제되므로, 가변 정합회로망의 정합영역과 사용할 수 있는 소자의 수는 서로 trade-off 한 관계를 가지고 있다. 그러나 사용되는 안테나의 환경변화에 따른 안테나의 입력임피던스의 변화는 스미스 도표의 일정 구역 내로 제한되므로 스미스 도표의 일정한 구역 내를 점유하는 공액정합영역을 동적영역으로 갖는 것만으로도 충분하게 동작된다고 간주할 수 있다.

‖찾‖아‖보‖기‖

‖‖ 저자약력 ‖‖

■ 이 홍 민

-1972년 연세대학교 전기공학과(공학사)
-1974년 연세대학교 전자공학과(공학석사)
-1990년 연세대학교 전자공학과(공학박사)
-1991년~현재 경기대학교 전자공학과 교수

이동통신용 안테나 설계실무

2014년 8월 20일 1판 2쇄 발행

저 자 이 홍 민
발행인 남 승 우

발행처 도서출판 상尙 학學 당堂
서울시 동작구 사당로9가길 6(사당동)
TEL : 02) 595-1692~4
FAX : 02) 595-1394
E-mail : namdoo6@unitel.co.kr
신고 : 2-155호 (1968. 11. 29)

정가 18,000원

ISBN 978-89-93383-78-2 93560

〈디자인〉 편집 이선경 / 표지 나아기획